前言

人的本性崇尚自由，没有人愿意始终被局限和禁锢，也没有人愿意在面对人生的时候常常感到无奈，没有选择的权利和空间。归根结底，都想“任性”，让所有事情按照自己的预期去发展，都想让人生未来的趋势完全顺遂自己的心意。然而，这样的任性，一定需要资本。如果一个人过着朝不保夕的生活，过着食不果腹的生活，过着没有任何自主权的生活，那么他是没有机会也没有权利任性的。

当你的本事配不上你的任性，你就会失去任性的资本。原本可以理解的任性，到了你这里很有可能变成无理取闹。在别人那里还娇滴滴的任性，到了你这里也许就会变成泼妇骂街。每个人都是这个世界上特立独行的生命个体，每个人在面对人生的过程中都会有很多的无奈和坎坷，既然如此，就不要盲目去模仿别人。且不说别人的成功模式不符合你的实际情况，就算你真的通过模仿获得了成功，那也是复制的成功、仿制的成功，而不是独属于你自己的成功。

当然，任性不是一个好习惯，但引导得好却有可能成为人生成功的助推器。古往今来，很多任性的人都获得了成功，这是因为他们在认准目标，任性之时选择了坚持，决不放弃，所以才能笑到最后。他们可以排除万难，坚持做自己想做的事情，坚持做自己喜欢做的事情。最终，他们不仅没有迷失，而是真的成就了与众不同的自己。

就像马云，当初马云不管是辞职创办翻译社，还是开办中国黄页，开创阿里巴巴，都不曾被身边所有人看好，但是任性执着的他始终坚持，并且以实力证明了自己的选择是正确的，而且证明了自己是有资本任性的。这样的任性让世人刮目相看，这样的任性也得到无数人的认可。如果我们也能任性到这样的程度，收获这样的任性结果，那该多好！

当然，前提是你必须非常努力，确定人生的梦想，确定人生的方向，在这样的基础上再去努力和坚持，你才能避免犯南辕北辙的错误。还需要注意的是，不要因为任性而影响身边的人。对任性要把握合适的限度，要使任性与固执己见、狂妄自大拉开距离，才能让任性收获更美满的结果！

你的任性要配得上你的本事，你才能任性得光明长大，才能任性得理所当然，也才能让身边每一个亲眼见证和亲身体验你的任性的人，心悦诚服地对你竖起大拇指！

作者

2020年10月

精进

成为一个有本事的人

康纯佳◎著

中国纺织出版社有限公司

内 容 提 要

任何人，都想成为有本事的人，都有自己理想中生活的样子，但唯有努力，并且拼尽全力，才能让人生有更多的可能性，才能实现自我蜕变，也才能距离理想的生活越来越近。对于年轻人来说，脚踏实地，让自己一步步成长，才是现在要做的。

本书是一本温情励志读物，它针对现代社会中年轻人的生活现状，告诉年轻人必须把握当下，努力积累实力、提升能力，成为有本事的人，才能拥有更为宽阔的人生和未来幸福的生活。希望广大年轻人阅读之后，能有积极的收获。

图书在版编目（CIP）数据

精进：成为一个有本事的人 / 康纯佳著. --北京：中国纺织出版社有限公司，2021.4
ISBN 978-7-5180-8174-5

Ⅰ.①精… Ⅱ.①康… Ⅲ.①成功心理—青年读物 Ⅳ.①B848.4-49

中国版本图书馆CIP数据核字（2020）第220457号

责任编辑：江　飞　　责任校对：高　涵　　责任印制：储志伟

中国纺织出版社有限公司出版发行
地址：北京市朝阳区百子湾东里A407号楼　邮政编码：100124
销售电话：010—67004422　传真：010—87155801
http://www.c-textilep.com
中国纺织出版社天猫旗舰店
官方微博http://weibo.com/2119887771
三河市宏盛印务有限公司印刷　各地新华书店经销
2021年4月第1版第1次印刷
开本：880×1230　1/32　印张：7
字数：121千字　定价：39.80元

目 录

第01章 任性可以，但不能没有本事

在生活中，人人都想要任性而为，却忽略了任性是要有资本的。一个人可以任性，但是一定要有本事，否则只会骄纵任性，不能立足于社会。当你的本事能够配得上你的任性，当你哪怕因为任性而做出很多不那么明智理性的选择，却能够为此负得起责任，你才可以在人生中有更好的成长和发展，也才可以昂首挺胸阔步走好属于自己的人生道路。

任性执着地追求，才会成功

有本事的人往往任性执着，因为他们有着超强的实力，也可以在生活中灵活自如，随机应变。很多时候，即使面临生活的窘境，他们也能够根据自身的实际情况进行应变，做到游刃有余，进退自如。这样的任性是一个人有能力有实力的表现，而绝不是少不更事的孩子只顾着要实现自己的心愿，却从来不会认真地问一问自己：我的心愿是否合理，有无可能真的被实现。这样不管不顾的任性就是肆意妄为，就是不顾别人的感受，而盲目地以自我意志为中心。这样任性的人不但无法经营好自己的人生，也常常会因为过度以自我为中心而迷失自我，忘却初心。

如今，有很多年轻人大学刚毕业，就迫不及待想要进入退休的生活。他们在找工作的时候，希望工作非常清闲，从来不加班，每周双休，每天的工作时间严格控制在八个小时之内，如果在工作时间里还能进行一些团建活动，那就会更好。此外，他们还奢望着能够拿到较高的薪水，有好的福利待遇，也希望能够每年都有带薪年假，甚至还有公费旅游。至于五险一金等福利，更不希望有遗漏。有谁不想要这样的工作呢？别说是年轻人了，就算是中年人、老年人，也都希望获得这么好的福利待遇，从而可以让自己有更好的工作环境和更优渥的生活。然而，年轻人只是在做梦而已，因为如果家里没有矿，也不是富二代或官二代，对于这样的工作根本连想也不要想，现实生活中根本不存在。为此，作为中年人、老年人，我们一定要有务实精神，不要总是沉迷于白日梦之中。

这个世界上，从未有不劳而获的好事，更没有一蹴而就的成功，尤其是刚刚走出校园、走入社会的年轻人，在人生的资源方面正面临着一穷二白的困境，就更不要总是想入非非。理想是丰满的，现实是骨感的，很多年轻人会发现，别说过得那么潇洒惬意了，一旦走出象牙塔，就失去了经济来源，他们的生活甚至还没有在学校里那么潇洒惬意呢！一场说下馆子就下馆子的潇洒都没有，何来说走就走的旅行呢？更多的时候，年轻人不得不面对无休无止的加班，哪怕是周末，也很有可能被上司一个电话就召唤到单位，马上投入紧急加班的状态。当然，这样的奔波忙碌没有人喜欢，而年轻人必须适应这样的生活，否则未来就会面临少壮不努力、老大徒伤悲的窘境。任何时候，我们都要有的放矢面对人生，都要全力以赴为未来铺垫基础。所谓书到用时方恨少，然而一旦步入社会，开始了紧张忙碌的生活，我们就会发现很多时候即便我们主动想要学习，也再也无法得到大段的时间静下心来精心学习。为此，我们必须把握人生的好时光，在该用心读书的时候就用心读书，在该努力奋进的时候就努力奋进，在该吃苦的年纪里就要二话不说潜心吃苦，唯有如此，我们的人生才会更加积极主动向上，我们的未来也才会有更加理性的成长。

正如一首歌里唱的，不经历风雨怎能见彩虹，没有人能随随便便成功。的确，人人都想要获得成功，人人也都渴望和憧憬成功，然而成功从来不是一蹴而就的，更不可能轻松获得。尤其是在现代社会，每个人都面临着越来越大的生存压力，每个人对于人生也都会有更多的欲望和梦想，特别是人在职场，还需要面对激烈的竞争，为此人人都要打起十二分的精神，才能勇敢无畏地在人生的道路上砥砺前行，才能不忘初心始终向着人生的未来努力进取，不畏惧，不退缩。

人人都想有肆意纵情的人生，不愿意委屈自己，不愿意让自己在人生的道路上彷徨，然而，要想畅行人生的道路，就一定要有资本，要让自己变得强大。也有些人觉得人生的未来是不可预知和反复无常的，也常常因为人生的未知而感到迷惘和困惑。如果你曾经看过金庸的武侠作品，你会知道那些真正的绝世高手，都有着能够一招制敌的招数，这些招数听起来很有威力，却看似无形，而且很拙朴，绝不多姿多彩。为此，面对复杂多变的人生，我们既然不知道未来会如何，那么就可以以一个招数应对万变的人生，即提升和完善自己的能力，增强自己的实力，这样不管人生如何变幻万千，我们都可以做到以不变应万变，也可以做到在人生的道路上坚定不移地前行，内心笃定，绝不因为外界的各种变化就迷失了自我，失去了奋斗的方向。

任性和率真截然不同

现代社会里，大多数家庭里都只有一个孩子，为此父母恨不得把自己所有的爱都倾注在孩子身上，无形中就忽略了对孩子的管教，渐渐地孩子变得越来越任性，总是以自我为中心，不但要求全家人围绕在他们身边转，而且在长大成人步入社会之后，他们还一厢情愿地以为自己可以得到所有人的谦让、保护和照顾，也依然以自我为中心，自以为可以主宰宇宙。殊不知，在这个世界上，除了父母之外，没有任何人会无条件迁就我们，满足我们，也没有任何人会毫无保留地对我们付出，包容我们。一个人在父母面前也许可以适度任性，但是随着不断地成长走入社会，一定要让自己有所收敛，也要意识到自己作为独立的社会成员之一，身份和角色都已经发生了变化。

在娱乐圈，自从林志玲走红，很多女孩都变成了林志玲那种嗲嗲的样子，是因为她们觉得只要东施效颦，和林志玲一样有一口娇滴滴的口音，就可以获得撒娇的资本。且不说你能不能把撒娇任性玩得和林志玲一样好，先看看自己是否和林志玲一样有资本。林志玲是公认的娱乐圈美女，为此，她随时都能找到人撒娇任性，还会得到他人的宠爱和呵护。作为普通的女孩，难道也有这样的特权吗？当然没有。很多明智的父母在孩子小时候会全力以赴精心照顾孩子，等到孩子渐渐长大，就会培养孩子独立自强的能力，而不会继续骄纵孩子。正如人们常说的，父母的溺爱是对孩子最大的伤害，所以真正爱孩子的父母不会让孩子变得任性。

任性不是天生的，在很大程度上是后天形成的。大多数任性的孩子背后一定有无条件宠爱他们的父母，而每一个任性的成人背后，或者是小时候的生活经历还在对他们产生影响，或者是因为他们的内心里居住着一个任性的孩子。尤其是很多年轻的女性，常常误以为任性就是率真，就是可爱，就是撒娇。而实际上，有谁会始终包容你的任性呢？如果没有好运气找到一个如同父亲一样疼爱和宠溺自己的男朋友，你的任性只会导致你遍体鳞伤，失去爱情、亲情和友情。归根结底，任性不是撒娇，不是率真，更不是可爱。如果把任性泛滥使用，而且想要求得所有人的宠爱，只会让自己陷入尴尬的境地。

雅菲已经三十几岁了，虽然没断了谈恋爱，却始终没有找到自己的爱情归宿。究其原因，雅菲实在太任性了。从小，雅菲就是父母老来得女的宝贝疙瘩，为此父母对于雅菲的一切要求都无条件满足，还常常会顺从雅菲的性子去做很多事情。渐渐地，雅菲越来越任性，哪怕已经大学毕业走上社会，她也依然觉得自己就是天之骄女，理所应当得到所有人的谦让和礼遇。因此，雅菲在单位里人缘很不好，同事们都不愿意和她相处，尤其是不愿意和她一起合作完成工作项目。远的不说，就说这次工作上的风波吧！

原来，领导安排雅菲和另外两个老员工一起合作完成一个重要的工作项目，那两个老员工都是中年男性，有老婆孩子。这个工作项目任务很重，必须三个人鼎力合作才能完成。有一天，小组内决定晚上要加班到十点，进行项目冲刺，没想到雅菲才刚刚到了下班的点，就连个招呼都没打，背起背包就走了。后来，一个男同事给雅菲打电话，质问雅菲："今天不是通知过要加班到十点吗，你怎么走了？时间紧，任务重，只靠着我们两个人弄到凌晨也弄不完。"雅菲不以为然地说："我的原则就是不加班，从大学毕业到现在，我从来没加过班！你们都是大男人，加班没关系的，我是女孩子，熬夜对皮肤不好。"如果不是时间紧急，男同事可能也就不和雅菲计较了，但是那天晚上，原本应该三个人一起完成的工作，因为雅菲不在，两个男同事忙碌到凌晨两点钟也没有完成。为此，他们对雅菲的意见很大，次日就找到上司，要求把雅菲剔出小组。上司听到两个男同事异口同声的汇报，狠狠地批评了雅菲，不想雅菲丝毫没有意识到自己的错误，反而继续说："我坚决不能加班！"结果，上司恼羞成怒，直接对雅菲说："以后加班的日子还多着呢，不想加班就递交辞职报告吧！"就这样，雅菲失去了一份好好的工作，不得不再次奔波于职场，四处找工作。

在军营里，执行命令就是军人的天职。在职场上，上司的权利和威严虽然没有军营里的军官那么大，但是作为普通的职员，也还是要考虑上司的工作安排，尤其是在需要和同事们进行合作的时候，就更是要有精诚合作的精神，不要总是因为任性搞个人英雄主义，或者随意地暂停工作，而给合作伙伴带来麻烦。

人是群居动物，每个人都是社会的一分子，都需要融入社会生活之中，发挥自身的力量，让自己能够做出优秀的成就。偏偏有些人把任性当率真，还误以为所有人都会和爸爸妈妈一样照顾他们，这样一来就尴尬了。一次两次任性，或许还可以得到他人的谅解和包容，但是工作可不是朝夕之间就能完成的事情，换言之，就算你因为做得不高兴而从一家公司里辞职，未来也还是需要去另外一家公司和大家一起合作。为此，不改掉任性的坏习惯，而总是在为人处世的过程中肆意妄为，最终吃亏的一定是我们，而且过度的任性还会导致我们失去很多机会，也会使我们的人生面临各种困窘。从现在开始，一定不要放纵自己肆意妄为，哪怕有爱的人包容我们，理解我们，我们也要管教好自己。从另一个角度而言，真正爱我们的人，是不会这样纵容我们肆意妄为的，只会更加激励和管教我们，让我们有良好的行为举止，也懂得人情冷暖。唯有如此，我们才能更加受人欢迎，也才能在工作和生活中有所成就，有更大的进步。特别是作为父母，在看到孩子任性的时候，也不要以为“孩子还小”就从不管教他。一棵树苗如果小时候就已经歪歪斜斜，长大之后也不会变得挺拔，同样的道理，孩子如果从小就养成了很多坏习惯，长大之后是很难改掉这些坏习惯的。俗话说，三岁看老，就是要求父母要在孩子小时候就规范孩子的言行举止，这样孩子在长大成人之后才会有更好的表现。

人人都有过任性的青春

说起任性，除了孩子常常会因为任性而哭闹不休，或者以各种手段要挟父母满足他们的不合理要求之外，青春期的孩子也是非常任性的。这是因为他们正处于身心快速发展的阶段，尤其是青春期的孩子，看起来身高已经和父母相差无几，但是他们的内心却还不够成熟。他们自诩懂事，但只是懂得自己认可的道理，而对于那些真正的人生道理，他们并不能第一时间就参透，也无法在第一时间就做出正确的选择。为此，人们常说青春期孩子半大不小，简直能把老子给活活气死。

此外，青春期孩子对于人生有无穷的幻想和憧憬，他们渴望了解这个世界，渴望更加深入投身于这个世界，也希望自己可以在不断努力和憧憬的过程中，得到梦寐以求的生活和想要的结果。不得不说，青春期孩子的任性还与梦想有关，当他们对梦想坚持到近乎固执，也会表现出任性的特点。从某种意义上来说，这样的任性是有着积极意义的，因为对于人生中的很多状态和阶段，只有坚持才能获得最好的结果。

有梦想，有任性，才有青春。青春期是人生中非常特殊的一个阶段，如果孩子们在青春期就表现出对于人生的洞察，也常常会在经历很多事情的时候做出不符合年龄特点的达观，那么这样是反常的，也会因此而使得青春期褪色。在漫长的一生之中，每个人都要经历各种各样的人生阶段，在每个阶段，每个人也会表现出不同的特点。为此，我们要遵循生命的节奏，不要试图改变生命固有的历程。从这个角度而言，该任性的时候的确是要任性的，只不过这里所说的任性是积极的任性，是对人生的坚持，也是对未来的美好渴盼。

作为一名高二的女孩，思雅从小就是在蜜罐里泡大的。不但有疼爱她的父母宠爱着她，比她大七岁的哥哥也把她当成手心里的宝贝，总是对她言听计从，连一点儿苦也舍不得让她吃。渐渐地，思雅越来越任性。在家里，十指不沾阳春水，在学校，也因为学习成绩出类拔萃而成为老师的掌上明珠。从未受过任何委屈更没有吃过任何苦的思雅，却主动提出要去参加夏令营的军队生活。爸爸妈妈对于思雅的这个要求全都强烈反对，哥哥也再三提醒思雅这次军训整整一个月的时间，而且军营里的条件非常简陋，训练的强度也很高，非常艰苦。但是思雅就是不为所动，坚持说："不经历风雨怎能见彩虹，我必须参加集训，到了高三才能咬紧牙关坚持学习，考上名牌大学。"

最终，全家人都拗不过思雅，爸爸妈妈只得给思雅交了费用，而哥哥在送思雅去夏令营地的时候，看到宿舍里没有空调，也没有公用的洗衣机，就又动员思雅。哥哥对思雅说："现在后悔还来得及，否则一旦集训正式开始，你想要退出可就不行了。这里还不让带手机，不让吃零食，你能受得了吗？"思雅坚定不移地点点头，毫不畏缩和怯懦。一个星期之后，思雅利用休息的半天时间回家拿换洗的衣服，全家人看到思雅黑瘦了很多，都心疼不已，但是思雅的自理能力变得强多了，再也不是那个衣来伸手、饭来张口的小公主。为此妈妈欣慰地说："也好，省得将来读大学去住校什么都不会干，还得找个贴身保姆！"思雅对爸爸妈妈和哥哥表态："我一定会坚持下去的，决不退缩！"

经过为期一个月的集训，思雅从一个不谙世事的小女孩，变成了一个坚强的小女孩。是她的任性让她坚持参加集训，也是她的任性让她得到这样的机会快速成长。

每个人在漫长的人生中都会遭遇各种各样的坎坷挫折和磨难，如果把任性的精神发挥得恰到好处，表现出不愿意服输的精神，就可以让自己迎难而上，变得更加强大。就像事例中的思雅一样，正是她的任性和坚持，才让她有了如今的快速成长和成熟。在现实的人生之中，很多人正是凭着固执与任性，才能够坚持一路走下去，才能够熬过人生中黯淡的岁月，从而坚持到实现梦想。

如今，很多人都喜欢看导演李安的影视作品，殊不知，李安当年高考的时候，父母反对他报考导演专业，但是他没有听从父母的安排，而是任性地选定了自己的人生方向。后来，李安大学毕业后又去国外深造，回国之后，在长达六年的时间里都没有电影可拍，为此他沉浸了六年。在这六年的时间里，由妻子负责工作，赚钱养家，而李安则洗手做羹汤，在家里洗衣做饭，但他也从未放弃热爱的导演事业，而是坚持看各种经典影片，坚持学习。这样一来，他始终都在进步，而且都在坚持点点滴滴的积累。经历了这个过程之后，李安终于得到拍摄的机会，厚积薄发，一鸣惊人，获得了成功。此后的李安，职业发展的道路一帆风顺，接连获得各种奖项，也如愿以偿地获得了奥斯卡的小金人。可以说，是任性和坚持成就了今天的他，是不断的努力和进取铸就了他梦想中的成功。

努力尝试，人生才有更多可能

现实生活中，很多人都会在无形中犯故步自封的错误，他们局限于墨守成规的思想中，不知道如何才能突破内心的囚牢和思维的铜墙铁壁，也不知道如何才能打破人生的局限，让自己的人生有更多的可能性。日久天长，人习惯了这样的惯性思维，总是因循守旧，最终就会失去创造力和创新性，使得人生始终处于一成不变的状态。而现实却告诉我们，很多人都对自己的人生感到不满意，也对自己的生活有各种意见。既然这样，为何还有那么多人固守旧有的生活，而从来不去积极地改变呢？就是因为他们缺乏改变的动力，常常是晚上想想千条路，早晨醒来走老路。由此可见，对于人生只有想法是远远不够的，哪怕想法非常好，如果没有行动力，不能切实展开行动把金点子变成期待的现实，那么这些想法就会变成空想，对于人生毫无意义。

实际上，人生是需要拼搏和闯荡精神的。正如人们常说的，心若改变，世界就会随之改变，也有人说，思想有多远，人生就能走多远。为此，要想活出独属于自己的精彩人生，我们就要努力进行各种尝试，这样才能不遗余力抓住各种机会，也才能在没有机会的时候，凭着自身的力量，凭着“生命不息，折腾不止”的精神，有的放矢面对人生，全力以赴经营好人生。唯有如此，我们才能在生命的历程中走得更远，让自己的人生如同烟火一般绚烂绽放。

艾米才刚刚大学毕业，就和在大学里青梅竹马、两情相悦的男朋友携手走入了婚姻的殿堂，并且打出了自己的口号“先成家，再立业”。然而，在同学们的祝福声还没有散去的时候，艾米就从一个幸福地嫁作他人妇的女孩，变成了一个不折不扣的怨妇。原来，艾米才结婚没多久就怀孕了，为此她一直没有找工作，想等到孩子出生之后交给公婆去带，再正式出来找工作。

实际上，艾米还很年轻，才二十四岁，她丝毫没有当妈妈的经验。看着丈夫每天风风火火出门，努力工作，如同打了鸡血的样子，艾米的心中渐渐感到不平衡。她的肚子一天比一天大，身体被妊娠反应折磨得越来越消瘦，整个人都精神不振，而且因为缺乏安全感，她还把丈夫看得特别紧，总是质问丈夫在外面有没有和小妹妹勾搭和暧昧。一开始，丈夫还能体谅艾米的心情，但是随着艾米的各种表现越来越强烈，丈夫变得很不耐烦，直接反驳艾米：你还想过吗？不想过就离婚吧！

艾米简直伤心欲绝，觉得自己为了爱情作出了伟大的牺牲，为了所爱的人辛苦地孕育小生命，如今却被如此怠慢，觉得特别委屈。为此，艾米变得很颓废沮丧，甚至冲动地想要终止妊娠。然而，胎儿的月份已经很大了，艾米痛定思痛，觉得孩子是没有罪的，为此她决定把孩子生下来交给父母带着，而她则要开始属于自己的人生。就这样，艾米义无反顾地选择了离婚，做起了单亲妈妈。离婚之后，艾米没有消沉，经历了生养孩子的痛苦，她更加体谅和感恩父母。她把孩子带得很好，不顾身材变形给孩子哺乳，后来等到孩子一周岁时断奶，她就开始四处找工作。此时的艾米，丝毫不想再次接受爱情，只想凭着自己的努力把日子过好，把孩子抚养好，也把父母孝敬好。她全力以赴地奋斗，从来不叫苦不叫累。后来，她成为公司里的业绩佼佼者，很快得以晋升，成为销售部门的主管，后来又坐上大区总监的位置。五年后，同学聚会，艾米才见到曾经那个让她爱得死去活来又心痛欲绝的前夫。这个时候，她才知道前夫没有再婚，也没有新的恋情，而回想起自己曾经在孕期的各种做法，艾米意识到自己当初的确有做得不对的地方。如今的她成熟宽容，散发着独特的魅力。前夫对她依然有很深的感情，当机立断又对她展开攻势。

经过了五年的爱情长跑，艾米接受了前夫的追求，带着虎头虎脑的儿子和前夫组成了幸福的三口之家。经历了这样的洗礼之后，艾米变得从容，也认识到一个道理，那就是作为女人一定要有自己的事业，要坚强自立，才能以树的形象与所爱的人并肩而立。

俗话说，天无绝人之路。任何时候，都不要把自己陷入绝境之中，因为真正的绝境只存在于我们的心中。如果我们心中充满希望，哪怕身处绝境，也能够非常坚持，努力进取，说不定什么时候就能把握新的契机。反之，如果我们心中充满绝望，哪怕人生的境遇不那么糟糕，只是有小小的坎坷和挫折，我们也会因为内心的放弃而导致整个人非常憔悴和无奈，甚至还会在生命历程中迷失自我，彻底失去人生的方向。

生命的意义，绝不在于维持固有的模样，我们每个人都要在人生历程中追求改变，才能给生命注入新鲜的活力，才能让我们的人生面临更多的希望和更美好的未来。对于我们而言，要先改变自己，才能改变外界的一切。从心理学的角度而言，我们所看到的和感受到的外部世界，就是外部世界在我们眼中和心中折射出的模样。为此，一个人心中有什么，就能看到什么，而一个人的思想又往往会指导他的行为，让他切实地改变人生。由此可见，改变才是生命的活力源泉，拥有一颗爱折腾的心，才能让我们的人生如同拥有了永动马达一样，始终突突突地向前，绝不停止和畏缩。

人生从来没有特定的模样，我们一定要努力改变自己，全力以赴做好自己，即使在机会很渺茫的时候也要努力地抓住千载难逢的好机会，才能主宰命运，驾驭人生，才能让我们的生命呈现出与众不同的模样，绽放出更加绚烂的光彩！

敢于担当，让人生绽放精彩

常言道，人生不如意十之八九。在这个世界上，从未有任何人的人生是绝对顺心如意的，大多数人的人生都要经历磨砺，饱经磨难，才会在不断成长的过程中持续进步，也才能在摸索前行的过程中开拓出更多的道路，拥有更多的可能性。遗憾的是，在现实生活中，很多人对于人生都怀着消极和悲观的态度，他们常常会软弱退缩，也常常会在面对无奈的人生时内心惶恐。有一位心理学家曾经说过，对于每个人而言，真正可怕的不是让他们恐惧的事情，而是他们内心的恐惧本身。人为什么会感到恐惧呢？或者是因为无知，或者是因为失去把握的感觉，或者是因为内心深处的无奈。真正的人生强者，不是那些能够打败他人的人，而是那些能够战胜自己的人。只有敢于担当，在生命的历程中不断地努力向前，也敢于突破和挑战自我，承担起一切的责任，才能以更加伟大的姿态面对人生，也才能最终让人生绽放精彩。

对于所有人而言，真正的绝境并不存在于物理世界中，而是存在于我们的内心深处，那就是来自我们心底的绝望。一个人遭遇多少次失败都不可怕，可怕的是在遭遇失败之后，他们选择了彻底放弃，不愿意再在人生的历程中努力向前。也有一些生性胆小怯懦的人，在面对人生中的很多选择时，甚至还会当机立断放弃，借此逃避失败。殊不知，这么做也许可以暂时逃避失败，却会让人生陷入彻底的绝望之中，因为放弃的结果就是连成功的可能性也完全失去。不得不说，这是非常糟糕的情况，一定会带给我们致命的打击。当一个人的生存没有希望，也没有任何改变的可能，生命就会突然之间变成叠加的一天，人生数十年都会如同一天一样度过，想想就很可怕，也会让人感到无法喘息的绝望和窒息感。

每个人都要为自己的行为负责，当一个人不想为自己的行为负责时，他们唯一可以实现不负责的途径就是放弃一切作为，让人生始终维持原样。然而，这个时代的发展瞬息万变，人生如同逆水行舟，不进则退，如果不能为自己的行为负责，就是人生的懦夫，如果因为不能负责而失去在人生中折腾的兴趣和意外，人生就会成为安静的咸鱼，永远也翻不了身。真正勇敢的人都是很任性的人，他们有胆识有气魄，在任性之前还会首先考虑有可能出现的结果，以及自己将会如何承担结果。这样思虑周全之后，他们就可以胸有成竹地阔步向前，也可以努力进取和奋斗，绝不后悔和畏缩。尤其是在这个社会上生存，我们更要非常辛苦和努力，才能在人生的未来不断地进取，也才能在成长的道路上奋发向上，勇往直前。俗话说，鲤鱼折腾跃龙门，咸鱼安静翻不了身，那么，你是愿意承担责任当鲤鱼，还是愿意维持现状当咸鱼呢？

作为一名大学老师，李娜原本过着非常安逸舒适的生活，她是家里的独生女，从小就在父母的安排下按部就班地学习生活，从未遭遇过任何波折。研究生毕业后，她成为一名大学老师，教授中文，老师的工资待遇很稳定，福利也很好，还有很多假期，为此她还可以利用业余时间兼职写一些文稿。这样一来，她每个月都稳妥地收入过万，过着很小资的生活。然而，有一段时间，她突然脑门一热要辞职，原来有个朋友邀请她一起开婚庆公司。她因为有些厌倦了老师朝九晚五的生活，而且也想到开公司会赚取更多的钱，为此居然脑门一热就答应了朋友的邀请，瞒着父母辞掉了工作。

开婚庆公司的手续并不烦琐，经过一个月的忙碌奔波，婚庆公司就顺利开张了。然而，在轰轰烈烈的开业之后，婚庆公司的生意却很冷清，第一个月，他们分文无收，又因为大肆搞推广活动，所有的流动资金都花光了。眼看着到了次月的月初，是承诺给员工们发工资的日子了。合伙人让她套用信用卡里的钱付工资，她想到自己的信用卡额度比较大，而合伙人的信用卡额度很小，为此毫不迟疑地从信用卡里套用了几万元给员工开工资了。此后的每个月，她都拆东墙补西墙。才半年时间，她的所有信用卡都就被透支完，而且，她也没有办法偿还信用卡。这个时候，她债台高筑，欠下信用卡三十多万。为此她提出让合伙人想办法筹集一些钱来周转，但是合伙人却在有一天突然手机关机，彻底消失，而且拿走了公司里仅剩的一万多元周转资金。她感到万念俱灰，产生了自杀的念头，吃了大量的安眠药。幸好爸爸妈妈发现及时，才救了她的小命。

不得不说，李娜是很任性的，也许是因为很容易得到安逸的生活，且一直过得很顺利，为此并不知道被生活逼迫的艰难。所以，她才会瞒着爸爸妈妈偷偷辞掉大学老师的工作，睁着大眼睛就掉入了一个火坑里。原本，年轻人想要创业并没有错，但是李娜只是任性妄为，却没有衡量过自己是否能够肩负起创业失败的责任。因为只想到公司经营顺利的一面，而没有想到公司有可能经营不善，为此她没有给公司准备好足够的流动资金，而且在公司出现亏欠之后又选择了从信用卡套取现金的错误方式来渡过难关。她因为这一次轻易的尝试而债台高筑，甚至失去性命，可谓损失惨重。

不管做什么事情，我们可以因为年轻而任性，却不要因为脆弱而不敢承担。在云南，最近这些年出来一个橙子的品牌，叫作褚橙。说起褚橙，那可是大有来头，是原红塔山集团的当家人褚时健老人创立的。褚时健当初接手红塔山的时候，红塔山只是一个小小的卷烟厂，而且因为经营不善濒临破产。褚时健苦心经营，把这个小小的卷烟厂做大做强，成为世界第五、亚洲第一的红塔山集团。然而，他因为一时糊涂，在年逾古稀之后因贪污被判处入狱，获无期徒刑。在监狱服刑期间，他的女儿也锒铛入狱，并且选择了自杀。可想而知，接踵而至的灾难给已经七十多岁的褚时健带来了沉重的打击，但是他是一个健康乐观的老人，并没有因为自己被判无期徒刑又失去女儿就选择放弃。后来，他因为糖尿病而得以保外就医，恢复了自由，可以留在家里颐养天年。这个时候，褚时健并没有选择安享晚年，而是开始了人生的折腾之旅。他以75岁的高龄和老伴一起承包了大片荒山，而且决定要种植橙子。熟悉橙子果树的人都知道，橙子从小树苗种下地到结果，至少需要六年的时间，而六年之后，褚时健都已经81岁了。悲观地想，他能否活到81岁还未可知，为何非要选择做这么艰难的事情呢？很多人都表示反对，更多的人表示不看好，但是这一切都没有动摇褚时健老人的决心。他义无反顾地带着老伴上山，开始了种植橙子的奋斗历程。几年过去，褚橙资产千万，褚时健老人在人生暮年的时候再次获得了巨大的成功。

人生不如意十之八九，命运又常常非常顽皮和淘气，会以各种无厘头的方式来考验我们，挑战我们。为此，我们一定要有信心，才能在与命运的博弈中获胜，也一定要有坚强的毅力，才能在面对人生假装的绝境时，鼓起勇气，勇往直前，无所畏惧，获得莫大的成功和真正的辉煌。真正的人生强者未必有多么强大的力量，也未必一定有过人的天赋，而是能以挺直的脊梁面对人生，也能以顽强不屈的精神活出独属于自己的精彩和璀璨！不管命运多么顽皮地捉弄我们，不管人生多么残酷地对待我们，我们都要一往无前，无畏无惧，敢作敢当，决不退缩和放弃！活成一个让自己敬畏和尊重的人，这才是我们最大的成功和最了不起的未来！

第02章 你不奋斗，哪来的底气

在现实生活中，每个人都在扮演自己的角色，每个人也都有属于自己的人生。然而，不管在社会生活中处于怎样的地位，也不管在人生中扮演怎样的角色，我们都要非常努力去奋斗，才能为自己的人生负责。俗话说，靠山山会倒，靠树树会跑，一个人如果不能努力奋斗，坚持前行，就根本不会有底气面对人生。为了让自己在生命的历程中更加斗志昂扬，我们一定要非常努力。生命不息，折腾不止，生命不息，奋斗也要永不停息。

努力的人生才有意义

人人都想获得自己梦寐以求的生活，为此他们在生命的历程中始终坚持努力，始终拼尽全力。然而，努力了就一定会有收获吗？现实告诉我们，很多时候，努力了才可能有收获，不努力，则一定毫无收获。因此哪怕冒着努力之后不能如愿以偿得到回报的风险，我们也要坚持努力。西方国家有句谚语，叫作赠人玫瑰，手有余香，对于我们而言，努力付出之后，即使没有得到预期的收获，也一定会得到更多的经验。俗话说的不经历无以成经验，就是这个道理。

人生之中的任何一段经历，都不可能是白白经历的。哪怕在努力付出之后，没有得到预想的结果，也不要消极沮丧，而要意识到自己在努力的过程中已经获得了成长。古人云，开卷有益，就是在告诉我们打开一本书去看，就会有所收获，更何况是在人生中努力呢？每一分努力都有回报，每一分努力都不会白白浪费。从本质上而言，一个人之所以选择努力，是因为他们不想在人生末年的时候感到颓废和沮丧，也是因为他们不想在面对人生未来的时候觉得毫无底气。虽然现实生活中有很多人都特别在乎别人的看法和评价，而实际上每个人拼尽一生去尽量过得最好，目的就是为了给自己一个交代。所以不要总是很浮躁，也没有必要把别人的意见和看法看得那么重要，只有确定自己的人生梦想和方向，并且坚定不移地朝着人生目标前行，我们才是真正对自己的行为负责，才是为人生负责。

小雨的家在云南的一个偏僻山村里，这个山村特别闭塞，平日里，村子里的人很少走出村子，除非是需要买日常必需品，或者是到了过年的时候要采购，他们才会下山。在日常生活中，村子里的人都自给自足，吃自己种的蔬菜，吃自己养殖的鸡鸭等家禽。正是在这样闭塞的环境中生活，小雨一直到了初中，才走出大山。

离开家的小雨，过上了不一样的生活。他就像是刘姥姥进了大观园，看到什么都感觉新奇，用了很久的时间才适应了外面的世界。见识到外面世界的美好，小雨当然不想再回到大山里，为此他非常努力地学习，希望用知识来改变命运，让自己的未来有更好的成长和发展。六年寒窗苦读，小雨终于考上了大学，从县城去了更大的省城，他这才惊讶地发现人外有人，天外有天，原来还有比县城更好的地方啊！大学期间，其他同学都在吃喝玩乐，对于学习则漫不经心，但是小雨没有一天松懈过。他知道，自己在城市里没有依靠，必须靠着自己努力，才能有更好的成长，也才能在这个城市为自己赢得立锥之地。大四那一年，班级里很多人都已经在父母的安排下找到了工作，小雨却在四处奔波。最终，他找到了一份并不那么理想的工作，但是他没有其他的选择，只能接受这份工作。

即使对于工作不是很满意，他也依然努力进取，奋力拼搏。既然拿着公司的薪水，就要把工作做好。工作上有空闲时间的时候，他还会参加各种培训班、补习班，努力提升自己。终于有一天，小雨考上了研究生，他继续努力深造。而当初在工作中积累的经验，虽然与他的大学专业不是密切相关的，却成为他读研期间的选题。为此，他以一篇非常优秀的论文完成了研究生学业，而且这篇论文还被发表在重要刊物上，也为他找工作奠定了良好的基础。

对于一份不那么喜欢的工作，小雨也能全身心投入去做，正是因为如此，他在读研期间才会因为之前积累的工作经验，而有更好的表现。一个人，不管正在做什么工作，也不管从事什么职位，只要是在坚持做好每一件事情，哪怕最终的结果不能如愿以偿，也会在努力的过程中有所收获，这就是努力的意义，也是努力在人生中不可取代的原因。任何时候，我们都要全力以赴经营好人生，唯有如此，才能无怨无悔。尤其不要吝啬力气，因为力气是用不完的，在努力上进的过程中，我们才会证明自身的能力和价值，也才会在人生道路上有更出色的表现。

努力的意义，就在于改变，就在于证明自己。不管得到命运怎样的对待，也不管在人生的道路上最终将会获得怎样的结果，我们都要不遗余力去努力，这样的拼搏和坚持远远胜过一切豪言壮语，也必然会对我们的人生产生最强大的力量，使我们在拼搏之后获得意外的惊喜和充实精彩的人生！

世界上就是没有后悔药

现代社会，随着经济水平的不断提高，物质极大丰富，几乎什么东西都能买到。但是，即使时代再向前发展一万年，有一种东西也是不会有的，那就是后悔药。这个世界上没有卖后悔药的地方，这一点我们应该早就知道。遗憾的是，尽管知道世界上没有后悔药，还是有很多人在做人做事的时候非常任性，完全不计后果，不能很好地主宰和控制自己，为此导致自己陷入人生的负面状态之中，常常感到非常懊悔，但是却无力挽回也无法弥补。既然知道人生是一篇没有草稿的作文，是一出没有彩排的戏，是一场没有归程的旅途，我们就应该在面对人生的时候更加慎重，理性地做出各种决策。

当被问及“是否做过让自己后悔的事情”，相信有很多人都会连连点头，也会像是打开了话匣子一样，滔滔不绝，说个没完没了。这是为什么呢？这是因为在经历了人生的前半场之后，很多人对于人生中已经发生、无法更改的事情，都会感到非常忧愁和焦虑，也会感到郁郁寡欢，不甚满意。这就是人的贪婪在发生作用。其实，既然知道这个世界上没有卖后悔药的，还一味地后悔有什么用呢？与其让自己陷入懊丧的情绪之中无法自拔，不如提升自己对于人生的主宰和把控能力，争取把下半生活得精彩，减少遗憾。

还记得在《大话西游》中，周星驰说的那段话吗？“曾经有一段爱情摆在我的面前……我希望期限是一万年……”很多人因为这段话而落泪，实际上，一则是因为被这段话所感动，二则是因为这段话说出了人生的无奈和心酸。有太多人对于人生都感到悔不当初，但是他们却没有改正和弥补的机会，更没有重写人生的可能，为此他们对于人生有很多的遗憾，这段话恰恰击中了他们心底里的遗憾，触碰了他们心中最柔软的地方。

假如时光真的可以倒流，假如我们在生命的历程中真的可以得到一次机会，我们的人生真的会变得截然不同吗？一切的美好都是我们在如今懊悔的情绪促使下想象出来的，能否变成现实，还要看我们再次面对人生的时候，是否会有所改变。最终的事实告诉我们，人生不会重演，或者退一步说，即使真的有可能重演，也不会有太大的改变。当一个人真的意识到人生需要重演的时候，不要一味地颓废沮丧，而要以更加积极主动的态度面对人生，这样才能让自己珍惜未来的人生机会，也才能真正改观自己的未来。否则，当人生重来，我们还是那个懵懂无知的生命，还是会在生命的历程中不断地轮回。

面对人生，不要毫无意义地假设“如果……就……”“想当初……”。时光不会倒流，人生不会重来，任何时候，这样的假设都不会成立，也不会存在。生命的时光如同流水一般一去不返，我们要想减少自己对于人生的遗憾，就要学会遗忘过去，也要学会汲取经验和教训，从而更好地走好未来的人生之路。

很多年轻人自诩年轻，以为自己有大把的时间可以挥霍和浪费，为此他们从来不会珍惜时间，虽然嘴上挂着“光阴似箭”“岁月荏苒”的话，而实际上却任由时光悄然流逝，根本不珍惜时间。很多人误以为人生中最珍贵的是金钱、物质、权势、名利，实际上，只有时间才是生命唯一的载体，也只有在活着的情况下，我们的人生才有1，那些0也才真正变得有意义。为此，人生不要本末倒置，“劝君莫惜金缕衣，劝君珍惜少年时，花开堪折直须折，莫待无花空折枝”“明日复明日，明日何其多，我生待明日，万事成蹉跎”，古往今来，劝谏我们珍惜时间的格言警句很多，最重要的是我们要意识到时间的重要性，形成时间观念和意识。这样才能每时每刻都珍惜时间，也才能在不断成长的过程中，让自己经历时间的历练而变得更加强大。

当明确意识到这个世界上没有后悔药之后，我们要做的不是纵情狂欢，也不是颓废沮丧。我们应让自己更加警醒，不管是做人还是做事，都进行更加全面的思考，避免自己因为思虑不够周全而陷入被动的状态。此外，我们也要保持清醒和理智，哪怕在人生中遭遇突如其来的打击，或者有什么难以承受的意外，我们也要深刻意识到一点，那就是该来的总是会来，该发生的事情谁也不能阻挡，而且，就算我们非常懊悔，历史也绝不会因此而改变。真正明智的人，会坦然接纳生命中的一切，而不会钻入思维的牛角尖，让自己的思维被禁锢。

曾经，有一个农民牵着一头驴走夜路，结果，因为夜晚光线不好，驴子掉入了枯井里。农民想了很多办法拯救驴子，但是都没有把驴子从枯井里救出来。为此，农民只好回家，次日清晨，他又带着家人一起来到枯井边上。农民对驴子说："驴子啊驴子，你跟了我这么多年，我不能让你被活活饿死啊。我还是把你活埋了吧，这样你的痛苦还小一些！"说着，农民和家里人就开始向枯井里填土和垃圾等东西。聪明的驴子似乎知道自己小命不保，绝望地叫着。然而过了没多久，它就跳到不断增多的东西上站着，后来居然踩着这些东西从枯井里跳了出来。不得不说，这真是一头聪明的驴子，它从绝望到充满希望，只是转化了一下思维的方式而已。在面对人生的绝境时，我们也应该学会转化思路，与其因为内心充满绝望而恨不得吃后悔药，还不如调整心态，从积极的角度看待问题，这样才能顺利地找到契机解决问题，也才能实现心愿。

既然世界上没有后悔药，时光也不可能倒流，我们为何不向前看，找到积极的方法解决和处理问题呢？常言道，置之死地而后生，当我们满怀希望和信心面对人生，说不定就会山重水复疑无路，柳暗花明又一村！

珍惜宝贵的青春时光

常言道，唯美食与爱不可辜负。现实生活中，不仅美食和爱值得珍惜，大好的青春年华更值得珍惜。古人云，人不轻狂枉少年，就是告诉我们要抓住宝贵的青春时光，努力绽放。否则，当青春不知不觉间流逝，人生就会从充满生机和活力到黯然失色，也会让人内心沮丧绝望。在青春正好的时候，我们一定要珍惜时光，不要因为自己还年轻，就自以为有大把的时间可以挥霍和浪费。当虚度青春之后，再回想起当年的岁月，很多人都会感慨且无奈地说“想当年……”，殊不知，这是对人生最无奈的总结。而那些充实度过青春的人，即使到了老年时期，也可以满怀激情，慷慨激昂地说：“我年轻过，我无怨无悔！”

人们也常常会把青春岁月称为青葱岁月。众所周知，葱是一种味道刺激辛辣的调味剂，这里用青葱来形容青春，恰好表明了青春的本质，是非常形象和生动的表述方式。青葱岁月，听上去就有着蓬勃的生机和朝气，就像春天百草发芽的时候长出来的小葱一样，那么挺拔，青翠欲滴。然而，这个时期的小葱也是很辛辣刺鼻的，它们吸收了天地的精华和灵气，而且蕴含着蓬勃的生命力。为此，民间说这个时期的小葱是发物，不允许那些身患隐疾、慢性疾病的人食用小葱，以免疾病复发。青春的岁月何尝不像这蓬勃生长的葱呢，味道辛辣，闻起来呛鼻，吃起来甚至让人涕泪俱下。青春尽管美好，却也因为正处于走向成人的过渡时期而有各种各样的烦恼。但是，不管以怎样的方式度过青葱岁月，我们都要做到无怨无悔，不负大好时光。

很多人都曾经看过《涩女郎》，也知道《涩女郎》的作者是台湾大名鼎鼎的漫画家朱德庸。在漫画界，朱德庸是一个不折不扣的青年才俊，他在年仅二十五岁的时候就为大家所熟知，受到很多年轻人的喜爱。他的漫画之中，有些经典的作品因为非常深刻隽永，为此还被编剧看中，改编成电视剧，这也使得朱德庸的知名度更高。然而，正是这样一个被漫画界誉为才子的人，在小时候对待学习却始终不开窍。鲜为人知的是，朱德庸从小就因为学习成绩不好而被老师嫌弃，常常被老师严厉批评，有的时候老师讲解了很多遍的题目朱德庸仍然听不明白，为此老师就会怒斥他太愚笨。因为无法承受老师接连的打击和语言暴力，也因为不好意思继续以这样愚笨的状态给老师添麻烦，朱德庸不得不转学去新学校，借此逃避无法面对的一切。在各门学科之中，朱德庸尤其不擅长文学，特别是语文课文，其他同学一看就懂，一听就明白，读几遍就能记住，而朱德庸却始终对于语文学习毫无感觉，为此面临无学可上的窘境。

即便如此，朱德庸也没有放弃自己。他一方面认为自己很笨，一方面非常努力地学习。最终，他有了一个了不起的发现，那就是他并不笨，他除了对文字不够敏感，缺乏理解和记忆能力之外，对图形却非常敏感。当班级里的同学因为几何课程的学习而抓狂的时候，朱德庸只要对着复杂的几何图形看上几眼，就能马上明白图形之间的关系，也可以把几何图解答得尽善尽美。这个发现让朱德庸喜出望外，也意识到自己还是有可取之处的，而并非笨得无可救药。从此之后，因为对自己的笨而愧疚到陷入自闭状态的朱德庸，通过绘画找到了自信，也打开了心扉。其他同学写日记，他就用绘画来表达自己一天中的喜怒哀乐。有的时候被老师严厉批评，在学校里垂头丧气不敢有任何反抗行为的朱德庸，回到家里就会把老师画成魔鬼的样子，从而寻求情绪的发泄和内心的平衡。不得不说，朱德庸的青春期是很忧愁苦闷的，在经常被否定的状态下，他还变得极度自卑敏感。幸运的是，他找到了自己的天赋所在，也能够坚持做自己喜欢做的事情，而且他的父母很支持他，这样一来，他才能走过灰色的青春时光，来到人生中更好的境遇。

不是每个人的青春都一路高歌，充满欢声笑语，总有些人的青春是不那么令人愉快和高兴的。和朱德庸一样，台湾作家三毛在童年时期和青春期，也曾经遭遇过打击。因为在学习上的表现不够好，也曾经被老师肆无忌惮的语言伤害，三毛的心情非常压抑，而且严重到不得不退学。原本就很内向敏感的三毛，即使到了长大成人之后，也没有走出心中的阴霾，这为她后来选择以自杀的方式结束生命，奠定了悲情的色彩。不过，三毛还是有过青春的好时光，也纵情享受过与荷西的爱情，正是因为如此，她的一生虽然短暂却轰轰烈烈，虽然一闪即逝，却如同烟花般绚烂。

生命，不仅仅在于长短，更在于质量。生如夏花般绚烂，死如秋叶般静美，是很多人都追求和向往的。为此，不要总是在生命的历程中迷失，而要抓住青春的好时光肆意绽放，这样我们的人生才会充实精美，也才会美好且值得期待。

生于忧患，死于安乐

古人云，生于忧患，死于安乐，这告诉我们一个人如果总是生活在安逸的环境中，渐渐地就会磨灭斗志，不愿意继续努力奋斗。而如果一个人生存的环境不乐观，导致他对于一切都不满意，那么他就会非常努力想要改变现状，也会因此而爆发出强大的力量。然而，人的本能之一就是趋利避害，每个人都想做对自己有益的事情，而不愿意做让自己承担风险、非常辛苦的事情。俗话说，好吃莫若饺子，舒服莫若倒着。人人都想吃饺子，人人都可以躺着而不坐着，可以坐着而不站着。然而，安逸会使人精神麻木，当一个人长期生活得很安逸舒适，渐渐地，他就会失去斗志，也会失去改变人生的力量和勇气。

曾经有心理学家以海边为例，对人的心理区域进行了形象的划分。心理学家认为，人的心理区域与海边的三个区域相对应。岸边是沙滩，很多人都喜欢躺在岸边玩沙子，晒太阳，为此岸边就是人的心理舒适区。从岸边往里走，就到了浅水区，这个区域适合初学游泳者玩，相对安全。而再往里走，就是深水区，因为海底暗流涌动，情况也很复杂，常常会发生各种未知的危险。在深水区，即使是游泳经验丰富的人，也无法自由自在地畅游。在海边玩耍的时候，很多人都会停留在岸边，这让他们觉得安全和舒适。相应地，当一个人沉浸在心理上的舒适区，他们同样不愿意走出来，而希望可以长久地沉入其中。

现实生活中，因为沉迷于心理舒适区而不愿意改变，固守旧有生活的人有很多，从这个角度而言，如果能够找机会把自己推入危险的悬崖边，逼迫着自己不得不做出改变，反而是一种很好的选择。

有很多年轻人刚刚大学毕业找工作，就希望找到旱涝保收、福利待遇好、薪资待遇高的工作，而不想加班，不想出差。却不知道，这样的工作只有退休人士可以享受，作为年轻人是没有资格享受的。也有一些职场人士对于工作不满意，但是觉得工作还能养活自己，又担心未来找工作有可能还不如现在，因而就说服自己始终这样将就凑合，熬到最后人到中年，更加失去了换工作的激情和斗志，反而被公司淘汰。不得不说，正是拖延和贪图安逸，使得他们失去了主动求变的机会，而不得不被动地接受改变。生活中，还有很多的女性整日把减肥挂在嘴边，她们制订了运动的计划却不能当机立断执行，制订了节食的计划又总是安慰自己吃饱了才有力气减肥，当走在大街上看着那些窈窕淑女打扮入时，身姿摇曳的时候，常常在心里狠狠地想：不就是瘦一点儿么，值得这么骄傲么！的确，我瘦我骄傲，那么你如何才能瘦下来呢？这就不是我需要考虑的问题，而是你要努力坚持做到的了。

古往今来，很多伟大的人都不会给自己太过安逸的生活环境。北宋时期，史学家司马光从小就勤奋学习，经常挑灯夜读，为了避免自己因为过度困倦而睡觉时间太长，他特意为自己准备了一个圆木做的枕头。这样一来，当他昏昏沉沉入睡的时候，头部就会变得沉重，警枕就会滚动掉落，为此他就可以醒来继续看书。在西方国家，艾默生也曾经说过，人不能坐在安逸舒适的软垫子上，否则就会不知不觉间睡着。由此可见，古今中外，所有伟大的人物之所以能获得璀璨辉煌的成就，就是因为他们对自己高标准严要求，从来不会放松和懈怠。

遗憾的是，现实生活中，有很多人都不明白这个道理，他们对待工作把分内之事和分外之事区分得很清楚，宁愿少做却从来不愿意多做。即使为了锻炼身体，保持健康，他们也总是吝啬运动，更愿意宅在家里睡大觉。运动是生命的力量源泉，当一个身体特别疲惫的人在坚持运动一段时间之后，就会发现自己非但没有因为运动而变得疲惫，反而在适度运动之后变得更加精力充沛，身体轻盈。这是因为运动激活了我们身体中的能量细胞，唤醒了原本沉睡的身体。为此，再也不要吝啬努力，天上从来不会掉馅饼，世界上也没有免费的午餐，每个人要想在生命的历程中有更多的收获和成长，就一定要激励自己动起来。在人生之中，只有离开安逸的舒适区，我们才能斗志昂扬，才能全力以赴去拼搏。

当然，很多人从小就没有吃过苦，在父母的照顾下成长，更不曾遭遇生命的磨难和挫折。为此，在面对艰难的困境时，他们会不由分说地逃避。殊不知，人只要活着，就要接受各种不如意，就要面对各种艰难坎坷，就要挺直脊梁去坚持。否则当逃避成为习惯，拥有强大的惯性，我们再想在人生中改变一种姿态就会变得很难。从这个意义上来说，我们需要给自己设置一片危崖，这样才能斩断自己的退路，逼着自己不断地前进，坚持去付出。还记得秦朝末年的巨鹿之战吗？在这场战争中，项羽率领大军战胜了强大的秦军，靠的就是破釜沉舟。他在渡河之后，命令将士们凿穿渡河用的船，砸碎做饭用的锅，烧毁宿营的帐篷，而且只给每个将士发了三天的口粮。项羽之所以这么做，正是为了把自己和全体将士都逼上绝路，让每一个人都意识到自己已经无路可退，或者战胜秦军，或者死路一条。正因为如此，全体将士才能个个以一当十，在战场上全都毫无惧怕，而是拼尽全力，与秦军决一死战。正是因为如此，项羽率领大军接连对秦军发起九次进攻，最终大败秦军。

人，就是需要破釜沉舟的勇气，有的时候需要给自己留退路，有的时候却要审时度势把自己逼上绝路。任何时候，安逸舒适都像是一剂麻醉药，会让我们满足现状，不思进取。我们唯有更加全力以赴奔向人生的最终目标，才能距离成功越来越近，也才能真正激发起自身的力量，战胜内心的胆怯和软弱，让自己成为真正的人生强者！

翘首期盼明天的美好

现实生活中，有太多人对现状不满，他们一边说着豪言壮语，一边却总是畏缩怯懦，而且常常会在抱怨之中迷失自己的本心，也根本不知道自己要何去何从。这样的人生，理想和现实是剥离的，梦想也距离人生越来越远。人生总是需要一些希望才能坚持下去，我们不但要翘首期盼明天的美好，还要给予自己更多的机会去努力实现梦想，这样，人生才会值得期待，才会变得更加美好。

人生不该浑浑噩噩，否则很容易在各种各样的错过中迷失。前文说过，人不应该躲避在安逸的舒适区，而实际上，舍弃安逸是需要勇气的，也只有不断地努力拼搏与进取，人生才会有更好的、值得期待的未来。作为一个农民，就要在春天到来的时候努力播种，在夏天坚持耕耘，在秋天才会有所收获。而如果总是在现实中迷惘，错过了春天的播种，无论如何努力也不可能得到收获。所以在翘首期盼美好的明天之前，我们先要认识自己，端正对待人生的态度，这样才能尽全力来做最好的自己，也才能活出独特精彩的人生。

生命中从来没有一蹴而就的成功，更没有天上掉馅饼的好事，每个人都要非常努力和辛苦，才能朝着自己的理想和梦想奋进，才能距离自己想要的生活越来越近。否则，总是贪图安逸和享受，总是畏惧改变，这样的人生只能墨守成规，保持固有的样子，根本不可能有好的发展，更不可能有更大的进步。记住，生命的历程很短暂，我们唯有在人生之中不断地努力崛起，才能在奋进的道路上获得好的成就。

在一个偏僻的村子里，始终没有自来水，为了让村民们可以喝上放心的水，也在生活用水上更加便利，村长做出一个决定，让杰米和乔森负责替村民们挑水，把远处山间的泉水挑到村子里的蓄水池里，这样一来，村民们需要用水的时候，就不用去山里挑水了。得到这个消息，全体村民都很高兴，杰米和乔森也特别高兴，因为他们平日里只能种地，现在除了种地，还可以利用闲暇时间挑水挣钱。

杰米和乔森干得兴致勃勃，他们每天都可以挣到很多钱，又因为年轻浑身都是力气，为此不亦乐乎。然而，有一天，杰米挑水的时候不小心扭伤了脚，不得不在家休息，只剩下乔森一个人挑水，水源就紧张起来。一天，杰米正躺在床上休息，突然想到：我为何不把水引到家里来呢？这样就算我不想去挑水，或者不小心扭伤了脚，也依然可以坐在家里卖水，那么钱就会源源不断地流淌到我的钱包里。脚伤好了之后，杰米马上把自己的想法告诉乔森，乔森却说："从山里把水引到院子里，根本不可能完成。还不如挑水呢，每挑一桶水就能赚到钱，多好！"就这样，乔森拒绝了杰米的邀请，不愿意和杰米一起引水。杰米只好自己去干，他停止挑水，每天除了种地，就忙着开凿引水的渠道，乔森呢，每天都在挑水，赚取了很多钱，还总是嘲笑杰米太傻了。一年多之后，杰米终于把水引到家里，他按照同样的价格把水卖给村里人，因为杰米的水是刚刚引下来的山泉水，比蓄水池里的水更干净，为此大家都愿意来杰米这里买水，杰米的生意好极了。

在这个事例中，杰米的人生格局更大，目光更长远，他放弃了挑水挣钱，而是在一年多的时间里不计回报地修建引水的渠道。正是因为如此，他后来才能坐在家里卖水，赚得盆满钵满。不得不说，想要得到更大的回报，就一定要坚持付出。否则，如果贪图暂时的安逸，不愿意努力付出，渐渐地就会迷失自己，也会在成长的过程中失去更多的可能性，变得非常被动和无奈。任何时候，我们都要全力以赴做好自己该做的事情，而且要有大格局，这样才能在人生中不断地努力奋斗，持续地坚持，最终突破内心的局限，真正地成就自己。

还需要注意的是，成功的道路上总是布满荆棘，任何时候，不管遭遇怎样的坎坷与挫折，都不要轻易放弃，而是要努力做到最好，坚持在人生的道路上不断前进。唯有如此，我们才能全力以赴应对人生，才能理性从容做好自己，也才能不忘初心排除万难。常言道，人无远虑，必有近忧，也有人说，只有居安思危，才能未雨绸缪。既然如此，我们就不要贪图安逸和享受，而要更加努力进取，坚持奋斗，这样才能投身于激情澎湃的奋斗之中，从而让未来变得更加美好，让人生的明天变得值得期待和憧憬。

第03章 足够努力，才有资格骄傲和自负

一个人从来不是天生就有资本骄傲和自负，不管他是穷人，还是富二代，作为一个独立的生命个体，都必须足够努力，才能有资本在这个世界上傲然屹立，才能真正全力以赴过好属于自己的人生，也才有资本去骄傲和自负。

有资本，才不会盲目骄傲和自负

从小，我们就接受这样的教育：骄傲使人落后，谦虚使人进步。与此同时，我们还被帮助区分自信和自负的区别，被告诫可以自信，却不能自负。然而，时代在发展，整个社会都进入爆发的状态，谦虚内敛已经不是必要的状态，更多人开始追求个性张扬，人生绽放，为此骄傲和自负并非不可以，只是要有足够的资本。在资本的支撑和鼎力相助下，骄傲和自负不是缺点，而是一种优点，当然，要想有资格把骄傲和自负都变成人生的优势，需要我们付出艰苦卓绝的努力和绝不放弃的坚持。

生活中，很多人都渴望着获得令人瞩目的成功，为此他们非常努力，最终也如愿以偿获得了小小的成功，但他们马上就开始变得洋洋自得，把暂时得到的成功和胜利，作为人生的永远资本，从此之后就觉得自己是天底下最厉害的大人物，陷入盲目的自满之中。殊不知，天外有天，人外有人，而且人生是在不断向前推进的，并不会因为一次成功就能永远成功，也不会因为一次胜利就能获得长久的胜利。想要真正获得自负和骄傲的资本，我们就必须坚持努力，绝不轻易懈怠和放弃。人生是一条不断向前流淌的河流，我们只有坚持努力和奋进，始终向前奔，才能勇往直前，也才能不断进取，持续进步。这样的人生，才是更强大的人生，也才会拥有强劲的动力，不断地向前。

做人，最重要的就是要有自知之明，不要总是盲目自大，狂妄自得，也不要盲目自卑，妄自菲薄。只有客观公正地认识自己，认识到自己的真正能力和实力，我们才能始终保持进步的姿态，也才能在人生成长的道路上一直努力向前，无所畏惧。生命是无所畏惧的，每个人在生命的历程中都要奋勇向前，才能激发自己的所有潜能，也才能让自己绽放出人生最美好的姿态。人生绝不是随随便便就能获得成功的，每个人在奔向成功的道路中都有可能遭遇各种坎坷和磨难，在这样的基础上，就要更加努力向前，无所畏惧，才能让人生有更长足的发展和进步。

自从进入大学，小豆就开始了优哉游哉的日子，他觉得自己进入了大学就是进入了保险箱，在经历了高中三年艰苦卓绝的奋斗之后，终于有机会可以放松自己，可以享受快乐的青春时光了。他有自信拿到毕业证，也有自信拿着毕业证找到工作。但是，和小豆升入同一所大学的高中同窗好友杜伟可不这么想。杜伟的家在农村，父母面朝黄土背朝天，费尽艰辛才能供养他读大学，为此他很珍惜大学的时光，也想通过努力将来留在大城市找工作，站稳脚跟，把父母接出来享福。为此，从进入大学的第一天开始，杜伟就四处找兼职的机会为自己赚取生活费，也想要多积攒一些钱作为下一个学期的学费，这样父母就不用因为给他积攒学费而辛苦了。

在解决了基本的温饱问题后，杜伟不但努力认真学好学校里的课程，还报名参加自学考试，原来他的理想是有双学历，这样将来找工作可以更容易一些。小豆看着杜伟整日忙忙碌碌，忍不住劝说杜伟："你这么辛苦为什么啊！大学时光，不打游戏，不谈恋爱，不去旅行，对得起青葱岁月吗？以后参加工作了，有你忙的，何必现在就这么辛苦呢！"对于小豆的话，杜伟总是淡然一笑，而后继续自己辛苦忙碌的生活。

到了大四，杜伟已经提前拿到了自考的学历，又开始参加职业技能培训。因为他所学的是文科，为此他参加了计算机培训，学会了制图、制作动画等各种技能。后来，他又参加了演讲培训，提升自己当众发言的能力。渐渐地，杜伟的能力越来越强，而且因为他一直兼职，有丰富的职场工作经验。在大四的时候，同学们都在四处奔波找工作，小豆也慌了神，在接连被用人单位拒绝之后，才意识到自己即使拿着毕业证书，也不是抢手人才，而杜伟却得到了一家公司的邀请。杜伟没有接受这份邀请，这让小豆感到很惋惜："这么好的公司主动向你抛出橄榄枝，你居然拒绝了，为什么啊！"杜伟气定神闲地说："因为我有信心进入世界五百强企业！"小豆惊讶得瞪大眼睛，后来杜伟真的进入了世界五百强企业，而且得到了两家世界五百强企业的聘用通知。看着杜伟悠然在两家世界五百强企业之间进行比较和选择，小豆羡慕嫉妒恨地说："你牛，你厉害！"

很多孩子经历了高中三年的努力，一旦进入大学，就会马上放松和懈怠，甚至觉得自己已经进入了保险箱，误以为只要拿到大学毕业证书，将来找工作就不成问题。不得不说，这样的想法是错误的。大学四年，恰恰是人生中最应该努力刻苦学习的四年，因为大学阶段的学习距离进入职场最近，而且每个人在大学四年里的表现，对于他们未来找到怎样的工作，做出怎样的成就，会有很密切的联系和影响。最重要的是，每个人在大学阶段的努力和辛苦，也与他们的人生密切相关。

很多大学生在大学阶段盲目乐观，等到大学毕业之后，一旦进入工作岗位，才书到用时方恨少。其实，大学就应该像杜伟一样度过，和家境如何没有必然的联系，而是大学阶段就应该学习更多的知识，积累更多的经验，这样一来，才能在将来找工作的时候有更多的资本。常言道，技多不压身，青春时期是最好的学习阶段，不但有着旺盛的精力，也有着强大的学习能力和记忆能力，为此要更加全力以赴勤奋学习，到了找工作的时候才能大显身手，奔向最美好的未来。

一个人可以自负，也可以骄傲，最重要的是要通过努力获得资本，也要以实力彰显自己的才华和能力，这样才能得到他人的认可和赞赏。否则，如果不自量力，盲目骄傲和自负，就会招人耻笑，也会影响自身的成长和发展，导致狂妄自大，故步自封。

磨炼是成功人生的必经之路

人人都想获得幸福的人生，也希望在人生的道路上更加努力进取，获得成功。然而，人生从来不可能一蹴而就获得成功，也不可能有天上掉馅饼的好事情。每个人要想获得成功，就必须非常辛苦和努力，要战胜人生中的各种坎坷与磨难，才能让自己不断地成长，变得更加成熟和强大，也才能以这样的精神获得成功，收获更多的幸福与美好。归根结底，幸福不会从天上掉下来，也不会从垃圾桶里捡到。生命自有其历程，人生也有规律可循。一个孩子从呱呱坠地开始，就进入学习的进程之中，他们先是自主自发地学习一些人生技能，等到了入学的年纪，就要进入学校努力学习，六岁小学，十二岁初中，十五岁高中，十八岁大学，这样按部就班地走过去，在每一个阶段都很努力用心地学习，才有可能在二十二岁大学毕业之后继续读研，将来才能在二十五六岁的人生好时光里有一份好工作，或者开始满怀激情地创业。继续拼搏至少十几年的时间，人生到了四十不惑，拥有了人生的资本，才能更加理性从容地向前发展，事业更大，人生更开阔，幸福不请自来。

反之，如果在人生之中始终都怀着消极的心态，延续婴儿时期的衣来伸手，饭来张口，等到了三十而立或者四十不惑的年纪，真的能够做到和独立不惑吗？答案是否定的。记得在央视上曾经有个公益广告，以动画的形式展示了人的一生，从婴儿时期的四脚着地，到青壮年的用两条腿独立行走，再到暮年时拄着拐杖变成三条腿，形象地演绎了人的一生，也告诉我们青壮年时期是人生中的好阶段，是学习创业打拼天下绝无仅有的黄金时期。为此，我们在青年时期一定不要害怕吃苦，古人云，少壮不努力，老大徒伤悲，如果青春时期不努力奋斗，到了老年阶段就注定要吃苦。俗话说，甘蔗没有两头甜，如果在青春时期只顾着享福，到了老年阶段就注定要吃苦，而且因为年老体衰，这个苦还会吃得很艰辛。

很多人总是羡慕他人成功，觉得他人之所以能够获得成功，就是因为有天赋，或者有好运气。殊不知，真正的成功者非但没有得到命运的青睐，反而还饱经命运的折磨，正是因为他们能够吃得苦中苦，所以才有方为人上人的美好结果。古人云，天将降大任于是人也，必先苦其心志，劳其筋骨，饿其体肤，空乏其身，行拂乱其所为，所以动心忍性，曾益其所不能。这句话虽然带有一些宿命论的色彩，却告诉我们所有的成功者都是饱经命运磨难，才最终获得成功的。细心的朋友们也会发现，古今中外，大多数成功者都有着坚韧不拔的精神和顽强不屈的毅力，所以他们才能在追求成功的道路上排除万难，勇往直前。退一步而言，即使最终没有得到天降大任的机会，在磨难的考验之下，我们的内心也会更加坚定顽强，从而让自己变得强大。

网络上有一句调侃的语言，靠山山会倒，靠树树会跑，只有自己才靠得住，才是最坚强的依靠。现代社会，经济的快速发展使得人心变得越来越浮躁，很多女孩对于爱情失去了踏实的态度，希望自己能够钓得金龟婿，嫁入豪门，从而马上就能过上梦寐以求的豪门生活。然而，豪门的生活真的那么好过吗？不是所有的豪门都可以给女孩最好的生活，也不是所有的豪门都是王子和公主的梦幻世界。有很多女孩因为自己两手空空，即使进入豪门也过着没有地位的生活，也有很多女孩被丈夫抛弃，梦碎豪门。这样的豪门生活，真的能成为爱情的代名词，能成为婚姻的最终目标地吗？

幸福从来不会从天而降，男孩要想赢得优秀女孩的青睐，就要让自己变得优秀；同样的道理，女孩要想赢得优秀男孩的青睐，也要让自己变得更加优秀。只有让自己配得上美好，才能享受美好，而如果总是奢望着不劳而获，自己丝毫不想努力，只想要从别人那里吃现成的，这样的人生是不会得到成功和幸福的。

勇敢的你，才能坚强面对残酷的世界

不如意是人生的常态，不可否认的是，命运常常会和我们开玩笑，也会让我们在猝不及防之余，不知道如何才能更好地面对人生，面对世界。但是，人只要活着，不管现实是残酷，还是温柔，都能满足我们对于生活的幻想，我们都要坚强面对世界，因为这是唯一的最好的姿态。无数的事实告诉我们，一个人只有勇敢地面对挑战，只有在各种情况下都始终坚持不懈，勇往直前，才能突破人生的困境，才能让生命的脚步更加坚定不移地前行。虽然在努力奋斗的过程中，人人都会吃很多的苦，也会因为命运的无常而受到各种打击和磨难。但是，这绝不是我们放弃人生的理由，也不是我们疏忽懈怠的借口。世界以痛吻我，我却报之以歌，即使我们不能达到这样的境界，也要做到坚强面对。

心理学家经过研究证实，大多数人在出生的时候先天条件相差无几，甚至在幼年时期也不会有太大的差异。那么，为何随着不断的成长，在人生中经历很多事情之后，差异就越来越大，甚至很多人的人生有了天壤之别呢？这就是因为他们在后天成长的过程中，面对人生的态度截然不同。成功者之所以能够获得成功，并不是因为他们有着远大的理想和志向，也不是因为他们有独特的天赋或者得到了命运的青睐，而是因为他们有坚强的人生脊梁，有顽强不屈的毅力，因而在做很多事情的时候，哪怕遭遇坎坷挫折，他们也能一往无前，奋发向上。与他们相比，那些失败者则总是陷入颓废沮丧的情绪之中，哪怕有小小的坎坷和挫折，他们也无法坦然面对，更不能振奋精神，让自己始终昂扬向上。正是因为对待失败和挫折有着截然不同的态度，所以他们的人生，常常会有不同的收获和结果。

做人，一定要有勇气，要有胆识。成功者总是在通往成功的道路上披荆斩棘，努力向前，而失败者很多时候对于一件事情还没有真正开始去做，就会杞人忧天，前怕狼，后怕虎，常常因此而错失了最佳的时机，也迷失在人生的道路上。不要抱怨自己不曾得到良好的机会，因为好机会总是转瞬即逝，而且常常会以虚伪的面目出现，只有那些真正勇敢的人，才能当机立断抓住机会，才能在人生的道路上奋勇直前从不退缩。他们不是莽夫，在做很多决定和真正去做很多事情之前，已经知道了预期的结果有可能不尽如人意，但是他们做好承担最坏后果的打算，所以才能真正成为人生的强者，在人生的道路上始终不忘初心，砥砺前行。

相比失败，更为可怕的是因为胆怯而不敢做任何事情，最终一事无成。退一步而言，失败虽然让我们遭遇了不好的结果，但是至少帮助我们在不断尝试和努力的过程中获得了成功。为此，任何时候都不要止步不前，人生如同逆水行舟，不进则退，而且人生也会有很多的契机需要我们去勇敢抓住，努力借助各种机会创造生命的奇迹。即使失败，也得到了经验，积累了经验，这是比无所作为更好的选择。

当然，做任何事情都不可能有百分之百成功的概率，也不可能百分之百失败。为此，我们不要盲目乐观只想到事情最好的结果，也不要盲目悲观只想到事情最糟糕的结果，否则，由此引起的盲目乐观和悲观对于人生都是没有好处的。我们一定要更加客观公正地衡量一件事情成功的可能性，也要意识到既然有可能成功，也就有可能失败，或者既然有可能失败，也就有可能成功。当我们确定自己可以接受和承受最糟糕的结果，也意识到自己除了努力向前之外没有其他的道路可以走，就要更加努力进取，才能在人生的道路上无所畏惧，勇往直前，也坦然接受一切的可能性。

不努力，就没有任何成功的可能，而生活在停滞的状态之中也会不知不觉面临莫大的退步。只有努力尝试，勇敢前行，才能获得成功的可能性，也才能在面临人生中各种糟糕的境遇时，有的放矢地向前，全力以赴地奋斗和拼搏，从而让自己拥有更多的可能，也获得更大的成功。不管命运如何对待我们，我们都要坚强，都要勇敢，不管遭遇多少次失败，在机会到来的时候，我们依然要张开双臂去迎接，而不能故步自封，导致自己的人生变成一潭死水，毫无变化。在人生的道路上，遭遇失败是正常的人生际遇，最重要的是我们要提升自己的能力，从失败中汲取经验和教训，这样才能让自己的人生更加丰富，更加努力向上，也才能让我们的人生有更加美好的发展和成就。正如奥斯特洛夫斯基在《钢铁是怎样炼成的》中说的那样：人，最宝贵的是生命，生命对于每个人来说都只有一次机会。既然如此，向前冲也是一生，往后退也是一生，充实精彩也是一生，一成不变也是一生，我们为何不能在人生的道路上勇往直前，发挥强者的精神，绝不畏缩地向前，向前，再向前呢？只有精彩绝伦的人生，才能让我们在走过青春的岁月之后，无怨无悔，无惧无怕！

强大自己，才有不妥协的资本

在命运的捉弄和调侃面前，没有人愿意妥协，而更想以强者的姿态与命运叫板。但是，命运具有强大的力量，很多普通的人根本没有能力与命运抗衡，为此常常不得不向命运低头，在一生的时间里随波逐流，不知所终。然而，这只是弱者的姿态，作为真正的人生强者，无论如何都会与命运博弈，而不愿意在与命运争斗的过程中迷失自我。要想做到这一点，一切的揣测和预估对于人生都没有切实的作用和意义，我们最该做的就是让自己变得更加强大起来，这样才能昂首挺胸屹立于命运之前，获得与命运进行博弈的资格和资本。

常言道，天外有天，人外有人。在这个世界上，没有最优秀的人，只有更优秀的人。为此，我们一定要戒骄戒躁，不要觉得自己就是最强大的人，也不要觉得自己多么优秀和出类拔萃。我们固然可以认可和赏识自己，但不要盲目自尊自大，更不要在成长的过程中迷失自我。在生命的历程中，你曾经有过走投无路的感觉吗？你是如何度过这种绝境的？现在回想曾经遭遇的绝境，你又有怎样的感触呢？归根结底，我们只能坚强，不管面对人生怎样的境遇，我们都要勇敢无畏地努力向前，都要咬紧牙关熬过去，才能在漫长的生命历程中更加全力以赴，经营好人生，更加无所畏惧，超越和成就人生。

每个人最应该坚持的人生姿态，就是不向命运低头和妥协。当然，人生是一个线性的过程，一个人即使当时当下还算拼搏和努力，但是并不意味着他就可以一劳永逸。在生命的历程中，真正一劳永逸的事情是根本不存在的。举个简单的例子来说，高中三年，我们一定要全力以赴地学习，争取考上好大学，而在进入大学之后，如果我们就此放飞自己，肆意玩乐，那么大学毕业之后一定会很艰难。真正明智的人，即使高中三年很努力，进入大学也不会懈怠，即使大学成绩出类拔萃，在走上工作岗位之后也还会非常努力地学习，因为他们很清楚，努力是要持续进行才能有收获的，如果总是三天打鱼两天晒网，努力就不会得到收获，人生也就不会有美好的未来。

很多人都喜欢以地域来对人群进行区分，例如大多数人都觉得河南人很刁钻，东北人很蛮横，温州人很精明……这样的标签，给不同地域的人贴上了不同的色彩，但是这样的标签与其说能代表每个人的特点，不如说只是对于一个大概的区域进行了粗浅的了解。现实是，东北人也有很温柔的，河南人也有勤劳朴实的，温州人未必个个都会做生意。不管是什么地方的人，都不会全都具备相同的特点，为此我们哪怕因为各种原因被人贴上标签，或者受到命运的打击，也绝对不能屈服，而是要更加理性从容地做好自己。你要相信，在这个世界上能够代表你的，只有你自己，能够真正评价和断言你的，也只有你自己。我们是自己的上帝，我们是自己的神，我们要为自己的人生负责，我们要真正主宰自己的命运，缔造不一样的人生蓝图。如果不想听天由命，如果不想在生命历程中迷失，我们就要竭尽全力做好自己，也要拼尽所能成就自己。

人们常说人生是反复无常的，命运则像是一个顽皮捣蛋的孩子，常常和我们开残酷的玩笑。的确如此。为此，很多人因为不知道如何应对人生而懊恼，甚至对于人生中的很多情况都感到迷惘，无从应对。的确，人生瞬息万变，而且那些变化都是我们未知的，要想提前预知做好准备简直不可能，既然如此，我们就要不断地努力提高自己，这样一来，我们才会变得更加强大，也才能对反复无常的人生兵来将挡，水来土掩，从容应对。这就像是在武术的世界里，真正的绝世武功高手并不会那些花里花哨的花拳绣腿，而是会一个很拙朴的招式，看似无形，实际上却能制敌于无形。

在漫长的生命历程中，我们真的会遇到各种各样的挑战，也会因此而让人生变得起起伏伏，波澜不平。然而，对于这些坎坷和磨难，如果我们轻易放弃，那么我们就会败给命运，未来要想在命运的颠簸中继续努力前行，几乎不可能。而如果我们能够始终坚定勇敢，努力向前，绝不向命运低头，想方设法打败命运，渐渐地，我们就会在命运的历程中有更多的收获，赢得更加幸福美满的人生，这才是最重要的。归根结底，人生没有回头路可以走，面对着只有一次机会的人生，我们一定要打起精神，满怀希望去面对。至少，等到人生暮年的时候，我们不会因为曾经的怯懦而后悔，也不会因为人生的迷失而懊丧。

不抱怨不放弃，才是人生该有的态度

有太多人对于人生都充满了抱怨，他们觉得自己付出的太多，得到的太少；经历的逆境太多，经历的顺境太少。他们觉得自己从来没有得到命运的偏爱，反而常常被命运捉弄，尤其是看到身边的人都接二连三获得成功，得到了梦寐以求的生活后，他们就更加愤愤不平，恨不得马上找到命运进行一番义正词严的理论：为何你要这么对我？当呐喊和抱怨都于事无补的时候，他们不知不觉间就会选择放弃，不愿意继续在生命的历程中努力向前，而是采取放任自流的态度，任由人生的河流裹挟着他们向前。这样的放弃，也许能够帮助他们暂时逃避失败，但最终会使得他们彻底与成功绝缘。只有那些怯懦的人才会以放弃的态度面对人生，更多坚强的人会对人生不抱怨不抛弃不放弃，始终坚强地与人生斡旋，始终都在与人生相依相伴的过程中努力提升和完善自身，让自己变得更加强大，让未来变得更值得期待。

从心理学的角度而言，抱怨除了能够帮助我们发泄心中的愤怒和不满之外，对于解决问题没有任何好处。有的时候，当我们沉浸在抱怨的状态之中，还会因为受到负面情绪的影响而变得非常颓废和沮丧，也有可能失去原本有的好机会，甚至可能导致内心彷徨失望最终彻底陷入绝望的深渊中无法自拔。既然如此，我们为何要抱怨呢？发泄情绪有很多种方式，未必只有抱怨这一条路可以走。我们要远离抱怨，让自己的内心充满积极的想法，对人生做出正向的应对，这样才能更加理性圆满地解决各种问题，也可以让自己始终保持昂扬向上的人生姿态。

小菊从小就出生在一个穷困的家庭里，她的爸爸妈妈都是残疾人，爸爸腿有残疾，妈妈双目失明，为此这一对苦命的人在结合组建家庭之后，爸爸就总是用一根竹竿拉着妈妈走街串巷，以乞讨为生。这样的生活一直持续到小菊出生，自从小菊出生后，妈妈就留在家里照顾小菊，而爸爸则去地里种庄稼，以此来养活妈妈和小菊。然而，后来爸爸因为被汽车撞伤，彻底瘫痪在床，这个时候，小菊才五岁。

五岁的小菊就用稚嫩的肩膀挑起了家庭的重担，她每天早早起床给爸爸妈妈做饭，还要喂养家里的家禽。和小菊同龄的孩子都还在妈妈的怀抱里撒娇呢，小菊却开始照顾爸爸妈妈，照顾整个家庭。就这样，小菊渐渐长大，到了上学的年纪，因为不放心爸爸妈妈，小菊每天中午放学之后，都要飞奔回家给爸爸妈妈做饭，帮助爸爸大便、小便。学校距离家里很远，小菊常常跑得满头大汗，气喘吁吁。渐渐地，她跑步越来越快，后来入选了县里的田径队，又加入了省城的田径队。不管去哪里，小菊唯一的要求就是带上爸爸妈妈。就这样，小菊从小就肩负起爸爸妈妈监护人的重任，不管学习和训练多么辛苦，都奔回家去看一看爸爸妈妈，给他们最好的照顾。最终，小菊成为一名体育健将，为国家争得了荣誉，每次要出国的时候，国家都会派人照顾小菊的爸爸妈妈。小菊终于可以腾飞，可以放心地走出国门，成为爸爸妈妈和全国人民的骄傲。

常言道，笑到最后的人，才是笑得最好的人。事例中，小菊坚持到了最后，为此她才会做出伟大的成就，为祖国的脸上增光。而小菊之所以能够成为名副其实的飞毛腿，实际上最初只是为了照顾爸爸妈妈。也可以说，是因为她没有放弃爸爸妈妈，所以命运才没有放弃她。

人生不如意十之八九，每个人在生命的历程中都会遭遇各种挫折和磨难，都不可能一帆风顺。最可怕的是，在生命的历程中，很多人因为胆小怯懦，总是轻而易举就会放弃，或者畏缩。然而，生命从来不属于那些胆小怯懦者，只有勇敢无畏努力向前，才能抓住生命中更多的机会，也才能让我们的人生如同在大海中航行的船只一样，扬起风帆，努力向前。记住，生命不曾走远，人生未曾远离，每个人唯有最大限度地激发自身的本能和潜力，唯有全力以赴做好该做的事情，才能在人生的道路上始终努力前行，不惧不怕。人生不能只靠着运气获得成功，必须非常勤奋刻苦，努力前行。所谓勤能补拙是良训，一分辛苦一分才。在人生的道路上，即使缺乏天赋，也可以通过勤奋努力而笨鸟先飞，从而让自己的人生赢得更多的契机，获得更多的收获和成就。任何时候都不要放弃，因为放弃的不仅是失败，同时也是成功。只有那些坚持到最后的人，才能笑到最后，人生才能绚烂地绽放！

第04章 你努力过，才会知道自己也可以很优秀

一个人如果总是妄自菲薄，生活在极度强烈的自卑中，他就没有办法证明自身的实力，甚至还会因为胆怯和退缩而从来不敢验证自己到底有多少力量。这样的人生如同被禁锢在套子里，看起来活过了漫长的人生，而实际上却几十年如一日，始终胆小甚微，始终没有更好的结果和更多的收获。要想突破和改变这种人生的困境，我们就必须非常努力，才能知道自己到底有多么优秀，也才能真正全力以赴、勇敢无畏地度过人生的岁月。

只有努力，你才能证明自己的优秀

对于人生的现状，很多人都不满意，因为他们觉得自己既没有天赋，也没有好运气，总是被命运遗忘在角落里，过着不好也不坏的人生。实际上，对于绝大多数人而言，他们在人生之中的拼搏还远远没有上升到拼天赋，或者是智商、情商的高级层面，而只是在努力这个看似低级的层面上，他们就因为不能吃苦而缴械投降，丢盔弃甲，落荒而逃了。为此，要想在人生之中有更好的成长，我们一定要能吃苦。只有在努力奋斗的过程中为自己奠定一定的人生基础，让自己脱离低级的拼搏，上升到高级的拼搏，才能到达需要拼天赋、智商、情商的高级拼搏阶段。否则，努力还远远不够呢，有什么资格抱怨自己的天赋不高，智商和情商都有所欠缺呢？

一个人如果不努力，永远也不会知道自己有多么优秀。鲁迅先生曾经说过，这个世界上哪里有天才，我只是把别人喝咖啡的时间用来努力而已。的确如此，当别人都在勤奋刻苦的时候，如果你在娱乐和休闲，你是没有资格抱怨自己不如别人的。也许有些朋友会说，生活如此忙碌，我根本没有时间更多地努力。鲁迅先生还说过，时间就像是海绵里的水，挤一挤总还是有的。如果我们总是因为时间的流淌而放弃各种努力的机会，那么在这个纷繁复杂的世界里，我们几乎没有任何成功的可能性。要想获得成功的人生，要想让自己的一生出类拔萃，卓尔不群，我们就要从现在开始非常努力，哪怕遭遇坎坷挫折也不放弃，这样的人生才会是值得期待的，也才是能让我们绽放自身光彩的。

遗憾的是，现实生活中，尽管人人都知道努力的重要性，也知道必须非常努力才能激发自身的潜能，让自己获得更加长足的进步和发展，但是真正能够做到努力的人却少之又少。努力是通往成功的第一个阶梯，如果我们连努力都做不到，又如何需要动用天赋呢？一个不曾努力的人根本不知道自己有多么优秀，也根本没有资格去谈及天赋等更加重要的成功因素。

大学毕业后，毛毛想找行政工作，却一直没有找到合适的，后来，听说一家房地产经纪公司正在招聘销售员，她就投递了简历。也许是因为这个行业的入门门槛很低吧，毛毛当时就得到通知，公司行政部门要求她次日去公司总部参加为期一周的培训，然后再下门店工作。

毛毛对于自己这么快被聘用感到非常惊讶，但是她一时之间也没有更好的选择，次日就乖乖背着包去参加培训了。在培训的过程中，毛毛接触到很多新鲜的名词，培训即将结束的时候，她听到了一句特别震撼人心的话。培训专员说：“我们这个行业入门门槛相对比较低，只需要专科及以上学历，语言表达能力没问题，就有机会进入公司挑战自己。这是因为在所有的行业里，销售行业都是最辛苦的，所以真正考验你们的时刻不是现在，而是在你们进入门店开始正式实习时。对于大量的新人而言，门店里为期三个月的实习期，才是最大的挑战，也是最艰难的考验。这个行业要求从业者必须非常勤奋和努力，不一定要很聪明机智，也不需要具有什么特殊的技能，只要努力，就可以生存下来。如果连努力这一关都过不了，也就无所谓发展和成就。”

毛毛做好心理准备来到门店，果然第一天在附近的社区跑盘的时候，她就觉得自己的胳膊腿都快断掉了。她走了整整一天的路，一边走还要拿着笔记本和笔画地图，再把各个小区的方位牢牢地记在心里。回到家里，毛毛脱掉鞋子，发现脚掌上起了好几个水泡。她情不自禁想要打退堂鼓，这个时候想起了培训专员说的话：“如果连努力这一关都过不了，也就无所谓发展和成就。”想到这里，毛毛又很不甘心，她可不想还没有开始就结束，她要证明自己是足够努力的。接下来的日子里，毛毛还听到行业前辈的雷人话语：“干这行，三个月就要跑坏一双鞋，这只是普通努力的人。真正努力的人，一个月就能跑坏一双鞋子。”渐渐地，毛毛也知道销售行业的薪水很高，但不是底薪，而是提成，这也就意味着每个人要想从公司里赚到钱，就要凭着努力为公司创造利润。一开始对销售行业还很排斥和抵触的毛毛，在跑坏了好几双鞋子，脚上的水泡长了就挑破，挑破了接着长的反复过程中，变得越来越能吃苦，越来越强大。最终，毛毛成为公司里销售业绩最突出的新人，就连上司都对她竖起大拇指，说她未来一定前途不可限量。

在没有真正投入从事销售行业之前，毛毛从来不知道自己有多么优秀，她一直以为自己娇滴滴的，大概只适合从事行政工作，做做表格，整理整理文件，既没有压力，收入也是稳定的。但是在接触销售行业之后，毛毛才发现原来自己很能吃苦，也非常努力，直到变得连自己都不认识自己。可以说，是销售行业的历练改变了毛毛，也让毛毛对于自己的人生充满了信心，充满了力量，甚至觉得自己就是人生的主宰，就是命运的掌舵者。

一个人如果始终处于安逸的环境中，就会按部就班地生活和工作，而从来不会把自己逼到绝路，更不会让自己在成长的道路上不断地进步。有的时候，人生是需要绝境的，我们或者被动地接受绝境，或者主动地创造绝境，目的都只有一个，那就是知道自己到底有多么强大。正如心理学家研究得出的结论一样，每个人的身体里都蕴含着巨大的潜能，即使是像爱迪生、爱因斯坦那样伟大的科学家，也只使用了自身能力的十分之一。如何激发潜能，如何逼着自己变得更加强大和努力，是每个人都需要面对和做到的一点。为此，不要抱怨，而要继续在人生的道路上努力前行，如果你足够强大，世界都会向你臣服。

努力和曾经的自己说再见

现实生活中，很多人都对自己的现状不满，为此他们总是对自己怨声载道，也总是对自己非常挑剔和苛责。然而，一味地抱怨能够解决问题吗？事实告诉我们，一味地抱怨并不能真正解决问题，反而会导致我们的情绪陷入沮丧绝望的深渊，也导致我们的内心有太多的负面情绪积累。正确的做法是，要更加正确地帮助自己，有的放矢地改变命运，提升和完善自己，也要狠下心来和过去的自己说再见，这样才能让自己获得新生。

传说中，凤凰涅槃必须接受烈火的焚烧才能获得重生。当然，凤凰是传说中的神物，凤凰涅槃到底如何进行我们无从得知和验证。然而，在自然界里，苍鹰一直是力量的象征，很多人都敬畏苍鹰，却很少有人知道苍鹰经历的痛苦遭遇。在所有鸟类之中，苍鹰的寿命是很长的，可以达到七十多年。然而，在到达四十岁的时候，苍鹰的身体就会变得苍老，具体表现在苍鹰的羽毛变得沉重，喙变得迟钝，爪子也不再那么尖锐。这个时候，苍鹰捕捉食物和自我保护的能力急速下降，而苍鹰要想活下去，就必须对自己做一件非常残忍的事情。

苍鹰首先要把身上的羽毛一根根地啄下来，然后再把喙在坚硬的石头上不停地击打，让喙松动脱落。经历很长时间之后，苍鹰长出了新的羽毛，新羽毛柔软蓬松，非常轻盈，也长出了新的喙，新的喙非常尖锐，具有很强的杀伤力。这样的痛苦折磨还没有结束，苍鹰还要用喙拔掉所有的指甲，因为这些指甲都很老了，此后就是等待新的指甲长出来，新的指甲非常锋利，也很尖锐，一下子就能抓住猎物。整个过程进行下来，需要将近半年的时间，在此期间，苍鹰变得非常软弱，甚至没有能力保护自己。但是，如果不这样去冒险，它们就无法获得新生，也就不可能变成崭新的自己。

就连苍鹰为了获得新生都如此拼搏和努力，在人生漫长的道路上，如果我们想要获得更好的成长和发展，有什么理由始终懈怠，不思进取呢？相信没有人愿意度过浑浑噩噩的一生，更没有人愿意在生命即将走到尽头的时候始终充满懊丧和后悔的情绪。人生从来不是一帆风顺的，每个人在生命的历程中都会遭遇各种坎坷挫折，最重要的是，我们一定要非常努力，也要足够坚持，才能在人生的道路上不断地成长，持续地进步，也才能始终都在提升和完善自己，让自己的人生变得更加强大。

遗憾的是，现实生活中，有太多人都很脆弱，他们因为遭遇过一次失败，哪怕是遭遇过一次小小的打击和挫折，就会对自己非常失望，就会放弃在生命的历程中继续努力，不懈追求。实际上，不是打击，让他们失去了继续奋斗的能力，而是他们自己从内心先放弃了，不愿意继续努力。很多明智的人都知道，真正的绝望只存在于人们的心里，一个人如果内心充满希望，即使所处的境遇非常艰难，他们也绝不会放弃希望，而是会继续一往无前，坚持进取。

在不断推动事情向前发展的过程中，我们未雨绸缪所预想到的很多艰难困境，随着事情的推进也许会有所改变，甚至不复存在。而我们自身在努力进取的过程中也会不断地奋发向上，使能力得以增强，原本很多困扰着我们的问题就会迎刃而解。总而言之，动起来，才会有更多的机会可以把握，如果始终在人生之中保持静止不动的状态，则一切都会更加艰难。动，也是生命的力量源泉，是希望的未来之光。

是时候对让我们不满意的自己说再见了。如果打定了主意要寻求改变，且又因为胆怯、软弱而无限地拖延下去，则我们一定会因此而陷入被动的状态，甚至也会因此而延误人生的好时机。俗话说，树挪死，人挪活，人只要活着，就应该坚持“生命不息，折腾不止”，这里所说的折腾是奋斗的代名词，唯有不断地努力向上，人生才会有新的机遇和崭新的未来。

够努力，才幸运

现实生活中，我们总是羡慕一些人有着好运气，似乎他们总是能够得到命运的偏袒，也似乎冥冥之中有一双神奇的大手始终在帮助他们，给他们助力。而实际上，他人的好运气真的是平白无故得到的吗？我们之所以觉得他人轻轻松松就得到命运的善待，只是因为我们在看到他人的光环时，他人已经获得了成功。而他人在成功之前所进行的艰苦卓绝的努力，我们却没有看到。所以，没有人有真正的好运气，每个人的好运气都是靠自己坚持不懈的努力得来的。

周星驰的电影《美人鱼》成为票房传奇，而在《美人鱼》中扮演女主角美人鱼的女孩林允也因此走入了观众的视野，得到了很多人的喜爱。有人觉得林允的成功完全是偶然，都是好运气决定的，而实际上林允并不是像大家所说的那样陪着好朋友去试镜，就被星爷看中。早在此之前，林允就非常努力，非常刻苦，为这幸运机会的到来做足了准备。这个世界上，根本没有一夜成名这种好事情，即使真的有，也是因为坏事而传千里。真正关系到成功的名气，都是每个人在坚持努力付出之后才能得到的，都是每个人在艰苦卓绝的坚持之后才能够收获的。为此，我们要摆正心态，端正人生态度，淡定从容地面对人生，不要总是在人生的道路上迷失自我，更不要总是对于人生有无穷的幻想和不切实际的渴望。

有人说，越努力，越幸运，这句话有一定的道理，但是如果将其改成够努力，才幸运，就会更加贴切。努力就一定幸运吗？努力一分钟和努力一辈子的结果会是一样的吗？当然不会。努力了未必能够有所收获，但是不努力却绝对不会有任何收获，为此我们要做的不仅仅是努力，还要坚持努力，足够努力。物理学上说量变才能引起质变，实际上，量的积累是漫长的过程，尤其是想要获得成功，获得丰收，就更是要坚持努力，绝不放弃和懈怠。

有人说，这个世界是公平的，每个人都是平等的。其实不然。真相是这个世界上根本就没有绝对的公平，很多时候我们自以为的公平只是表象而已。每个小生命从出生开始就在接受不公平，他们出生在不同的家庭里，有不同的父母，为此接受了不同的教育，也有了不一样的人生轨迹。那些出生在穷苦人家的孩子，即使穷尽一生去努力，也未必能够到达富人家的孩子一出生就拥有的高度，难道因此就不努力了吗？当然不是。一个人不管出生的起点是高还是低，在人生的历程中，都要始终坚持努力，才能做得更好。换言之，就算是出生在富贵人家的孩子，也一样要坚持学习，努力奋斗，才能提升自己的实力，让自己将来有朝一日可以把家族的产业发扬光大。他们不但要努力，在生命的历程中还会有各种各样的烦恼和不如意，从这个角度而言，人也的确是生而平等的。

每个人都是这个世界上独一无二的生命个体，每个人都有自己的人生要去驾驭。在行走人生的过程中，我们既不需要盲目地羡慕和模仿他人，也不需要总是妄自菲薄否定自己。每个人唯有更加全力以赴奔向美好的未来，才能让自己的人生绽放出光彩，也才能让未来变得更加值得期待。

我们要相信，从未有无缘无故的成功。在生命的历程中，我们不能为了工作而拼命，而是要保持可持续发展，要对自己的人生和未来有合理的规划，也要坚持努力去做。一个人活着如果始终浑浑噩噩没有目标，在人生道路上往前狂奔的时候也总是漫无目的，那么他们就不可能有更高的效率。只有确立人生的目标，确定人生的方向，我们才能有的放矢地努力，也才能在努力过程中避免犯南辕北辙的错误。

若干年前，保险产业才刚刚兴起，很多人听说保险是朝阳产业，就很急迫地加入保险行业。然而，大浪淘沙，推销保险大概是所有销售行业里难度最大的，为此很多人最终都选择放弃保险推销，转而从事其他行业。而那些留下来的人却都获得了成功，浸淫保险行业十几年，甚至二十几年，如今他们已经成为保险行业的大咖，既给千家万户带去了保险的保障，自己也赚得盆满钵满，过上了人人羡慕的自由生活。为此，那些放弃的人都非常羡慕这些坚持下来的人，懊悔自己没有和他们一样坚持。殊不知，他们在十几年的时间里依然在频繁地换工作，如果能够坚持在任何行业做下来，他们也会有比今日更好的收获。不要盲目羡慕他人总是轻而易举获得成功，而要从自身寻找原因，看看自己是否足够坚持，足够笃定。古人云，十年磨一剑，在如今的职场上，太多的年轻人都很浮躁，都渴望一蹴而就获得成功，却不知道人生中有太多的磨砺需要我们去战胜。任何一份工作如果没有五年的全心投入和了解，不管是选择放弃还是坚持，都是对自己的人生不负责任的表现。

在这个日益喧嚣和浮躁的时代里，我们一定要更加坚持，内心笃定，才能做好自己，才能在自己选定或者喜欢的事情上，做出一定的成就。否则，如果总是这山望着那山高，总是不停地跳槽或者换工作，渐渐地就会迷失自我，也会一事无成。心理学家经过研究证实，大多数人的先天条件都相差无几，而且在后天之中得到的机会也都是对等的，他们之所以最终有了截然不同的人生，就是因为他们对于人生的态度不同，也是因为他们坚持和努力的程度不同。够努力，才幸运，你够努力吗？当你放弃了努力，就再也不要奢望幸运之神会眷顾。

活着，就要精彩度过每一天

余文华在作品《活着》中，刻画了入木三分的形象，主人公为了活着而艰难挣扎的模样，深深印刻在每一个看过这部作品的读者的脑海之中，后来这部作品被拍摄成影视剧，由葛优扮演的主人公惟妙惟肖，更是把这部作品演活了。其实，对于每个人而言，人生都只有两条路可以走，一条路是浑浑噩噩地活着，一条路是精彩地活着。然而，真正甘愿马上去死的人毕竟是少数，更多的人都坚持好死不如赖活着，他们为了活着而拼尽全力，为了活着而甘愿忍受痛苦。

前段时间在社区论坛上，一个女性网友因为最近一直在陪着妈妈住院，对于生死瞬间有了深刻的感悟。她说起有个老太太生命垂危，每天身上插满了各种管子才能勉强维持呼吸，却继续积极地配合治疗，不由得感慨：这样活着还有什么意义呢？老太太的老伴告诉网友："我的老伴求生意志非常强烈，到了这个时候，不管受多少罪，唯一的愿望就是活着。"网友很震撼，这才意识到自己所认为的没有质量地活着不如去死，实际上只是因为还没有走到人生的最后一步而已。每一个走到人生末路的人，求生的意念都是很顽强的，他们不愿意随随便便放弃生命，更想在这个世界上多看一眼，多感受一刻，对亲人也多一分钟陪伴。心理学家经过研究发现，那些选择自杀的人，在生命终结的最后一刻都曾经有过挣扎，但是却无力改变和终止自杀的行为，最终绝望地死去。求生是人的本能，生命对于每个人而言都是最珍贵的，为此不管什么时刻，除非真的失去了生的机会，否则千万不要轻易选择死亡。

古人云，身体发肤，受之父母，实际上是告诉我们要爱惜自己的身体和生命。现实生活中，有太多的人都不知道如何面对人生，也不知道如何才能在生命历程中珍惜宝贵的生命时光，为此难免会浪费时间，浑浑噩噩。其实，活着也是有很多种状态的，年迈的老人在疾病的折磨下无奈地活着，而作为年轻人，一定要珍惜青春好时光，趁着能跑能动也有时间和精力，把生命活得精彩且出彩，这样的人生才是值得骄傲的，也是值得回味的。

对于生死，作为普通人的我们很难参透，而只有那些经历过生死的人，才能有所顿悟。在唐山大地震、汶川大地震之后，很多人侥幸活了下来，由于失去亲人而痛不欲生，但是也看开了很多。往后的日子里，他们带着悲痛而活，也活得更加洒脱。他们想明白了不要因为身外之物而纠结，也想明白了不要总是在人生中斤斤计较，迷失本心。为此，他们更加努力上进，活出更加精彩的人生。在汶川地震中，有个舞蹈老师失去了双腿，还失去了亲人，但是她没有放弃活着，而是努力活得更好。她在经历了无法承受的悲痛之后，最终熬了过来，决定要继续坐在轮椅上翩然起舞。这是对人生多么痛的领悟。

我们应该庆幸自己是个普通人，对于人生没有那么多痛苦的领悟，但是我们也要更加感悟生命的真谛，知道人生中的很多事情是人力所不能改变的，需要坦然接受。也要知道在生命的历程中，什么才是最重要的，什么是可以舍弃的，唯有如此，我们才能从容豁达，对人生拥有更加正确的态度和观念。

从本质上而言，人生中的很多苦恼其实来自人们的内心。常言道，心若改变，世界也随之改变。现实告诉我们，一个人只有心怀开阔，才会拥有从容的人生；只有内心强大，才会拥有精彩的人生。既然不能选择死去，我们就要精彩地活着，活出人生的气度，活出人生的美好，也活出人生的力量！

十年后，你活成自己想要的样子了吗

十年后的今天，我走在人潮涌动的大街上，此时霓虹灯初上，我才刚刚下班，正着急赶回家，给老公和一双儿女做饭吃。因为我知道，如果我六点半还不到家，住在同一个小区的妈妈就会去给他们做饭，那就又要辛苦妈妈了。为此，我一边急急忙忙赶路，一边给妈妈发了微信语音：妈妈，我一会儿就到家，你不用去做饭，在家里歇着吧！

其实，几年前我们和妈妈是一起住的，那个时候，我们只有一套房子。时间再往前推进十年，我当时在另外一个单位上班。有一天，领导为了激励我们，特意给我们开会，问我们："你们对于未来十年有什么规划？"在当时的同事之中，除了我和领导结婚了，其他同事都还是小年轻人、单身汉。他们的回答千奇百怪，有要找男女朋友结婚的，有要买房子的，有要回到老家开花店的，只有我淡然地在他们都发言之后说："我希望可以给我老公买辆车，再给我的父母在同一个小区买套房子，可以分开住。"说这话的时候，我们只有唯一一套住房，而且是很小的一居室，挤着一家老老小小五口人。我自己也觉得要想实现梦想还很遥远，尽管我的梦想很实际，很接地气。如今十年的时间过去，我们已经离开了北京，换到了南京生活。说完那话才一两年，我老公就买了车子，从此一家人出行更方便。而最近几年，我们来到南京，买了一套四居室，买了一套三居室。最重要的是，这样两套宽敞的房子，都是我们自己购买和装修的，一套给妈妈住，一套给自己住，在同一个小区里。我有一天突然惊觉，不知不觉间，我已经实现了自己的梦想，而且到两套房子都装修好，恰恰用了十年的时间。

原来，在许愿当时看似遥远的梦想，只要坚持去做，即使把梦想忘记在脑后，终有一日还是可以实现梦想的！原来，梦想真的有指引的作用，哪怕时隔多年，也依然在冥冥之中指引着我们前进的道路，成为我们人生的领航灯。从此之后，我再也不小看梦想，而是对梦想满怀敬畏，而且就在当时，我又设立了一个梦想，希望自己在十年之后还能不知不觉地实现梦想，成就人生一个小阶段的胜利。

对于人生，每个人都有不同的感悟。有的人觉得人生短暂，快得如同白驹过隙，有的人觉得人生漫长，长得让人感觉非常难熬。而实际上，人生到底是短暂还是漫长，归根结底是仁者见仁，智者见智，每个人会因为独立的生命特性做出截然不同的理解。从本质上而言，人生长不过百年，即使时代发展到今天，百岁老人也是很少见的。对大多数普通人而言，一生很快就匆匆忙忙过去，似乎自己作为一年级新生入学的情形还历历在目，转眼之间，孩子就背起书包成为了一年级的小豆包。既然如此，我们有什么理由和资本在人生之中浑浑噩噩，从来也不急于给自己设想目标和方向呢？实际上，人生绝不是到死才终结，人生中的很多事情在大概三十五岁到四十五岁之间就已经定下了基调，而再往前追溯，甚至从孩子上了初中高中，人生的发展就基本成为定局。

想想吧，孩子们从六岁进入小学阶段开始学习，等到本科毕业走出校园，已经二十二岁了。在校园里，孩子们度过了童年时期，青春期，一旦走出大学校门，走入社会，孩子们也就真正长大成人，成为社会的一员。由此开始，人生的画卷正式展开。时光就这样匆匆流逝，怎能让人不感到心急如焚呢？从二十二岁到三十五岁，或者更晚一些到四十岁，也就十几年的时间，这就意味着我们为人生奠定基础主要就在这十几年的时间里。即使年轻人，也不要觉得自己有大把的时间，因为在你不知不觉间，生命就悄然流逝，人生也面临很多的尴尬和无奈。只有未雨绸缪，提前谋划，人生才会有计划和指引，也才能按部就班地提升效率。

不管你觉得生命的时光过得是快还是慢，生命都没有重来的机会，时光也不可能倒流。当你开始有意识地规划人生，你就会发现看似漫长的人生并没有几个十年可以规划。匆匆流年，时光一去不返，人生的脚步滴滴答答，和时间的针脚一起向前。很快，曾经的黄口小儿就成为顶天立地的男子汉，又渐渐地老去。我们一定要珍惜人生的每一个十年，因为人生最多也不过只有十个十年，而在这十个十年里，正当青春的十年简直寥寥。经过十年的努力拼搏，如果你已经过上了想要的生活，那么恭喜你，你是这十年的成功者。但是不要骄傲，也不要懈怠，未来十年过得如何，还将取决于你继续努力的姿态！加油吧，每一个有理想有梦想的人们！

第05章 今天的你，要对得起自己期望的未来

每个人对于人生都有无限的憧憬和渴望，然而，理想和梦想如果不能付诸实践，就会变成空想，变成毫无意义的假想。为了对得起期望的未来，我们从现在开始就要非常努力，也要坚持不懈地拼搏，这样才能距离我们的梦想越来越近，也才能在与人生博弈的过程中，真正地有所收获，从而为自己骄傲和自豪。

每一个人都要满怀期待，畅想未来

你曾经梦想过自己的未来多么美好吗？当然，你一定不止一次想过，甚至还会沉迷于幻想之中无法自拔，恨不得自己可以有时光穿梭机，马上就能从现在穿越到未来，去享受美好的生活。然而，这是根本不可能实现的，你难免要失望。为了让暂时的失望不那么长久地延续下去，甚至影响你对人生的感觉，你接下来要做的就是非常努力，去把梦想变成现实。

如果说这个世界上有绝对的公平，那就是时间。在时间面前，每个人都是公平的，时间的针脚滴滴答答地向前，从来不会因为任何人、任何事情而驻足停留，或者走得更快一些。为此，要想拥有充实美好的人生，我们就一定要调整好自己的心态，也要形成珍惜时间的观念和意识，这样我们才能更加充满力量，奋勇向前。当然，即使从树立梦想到实现梦想还有遥远的距离，我们也要满怀期待，对于未来充满美好的设想，要敢于放开思想的翅膀，努力去畅想。时间就像是奔腾的河流，那么任性率真，一下子就跑成了一条直线，连蜿蜒曲折的曲线都不愿意呈现。每个人从呱呱坠地开始，就在不断地舍弃过去，奔向未来，也在以活在当下的方式承接着昨天和明天。然而，没有人能够预知人生，更没有人能够知道未来将会如何。在这个世界上，人人都是特立独行的生命个体，人人都需要不断地努力进取，才能在成长的道路上活出更美好的姿态。为此，每个人的人生也呈现出不一样的色彩，有的人人生黯淡无光，了无希望，有的人人生绚烂多彩，充满无限的可能性。不要觉得这样的人生色彩是由外部的人和事情决定的，实际上，它是由每个人的内心决定的。当一个人对于人生怀有积极乐观的心态时，他的人生就会更加绚烂；当一个人对于人生怀着消极悲观的心态时，他的人生就会阴云密布，就会充满负面的情绪，甚至压抑得无法喘息。

很多人在生命的历程中总是会在乎很多，如身边人的意见和想法，很多事情的结果，有可能需要承担的责任等。然而，人生归根结底是属于我们自己的，我们是自己人生的主宰者，也是自己命运的驾驭者。在生命的长河中，我们一定要更加努力上进，不需要满足太多人的要求与渴望，只需要更加全力以赴做好自己，无愧于自己，这就是基本成功的人生。

随着时光的流淌，我们不知不觉来到了今天，今日的你还记得自己在小时候树立的梦想和许下的诺言吗？曾经，你是那个头上扎着蝴蝶结的小姑娘，梦想着自己有朝一日变成公主，在生命的舞台上绽放，璀璨夺目；曾经，你是那个抱着皮球奔跑的小男孩，即使不小心摔了一跤你也从来不哭，而是站起身来拍拍身上的泥土，继续勇敢地前行，你希望自己有朝一日变成大球星，和贝克汉姆一样帅。然而，时光是一把雕刻刀。现在的你活成了怎样的样子，符合你曾经的期待吗？你每天天不亮就起床，为了便宜而住在郊区昏暗的地下室，为了养活自己而忙得连停下来看看花听听风的时间都没有，你不由得感慨：到底是怎么了？为何会活成这个样子呢？

的确，现在的你对不起自己曾经期待的未来，但是你依然浑浑噩噩，不愿意轻易改变，你依然对于人生有太多的梦想和憧憬，却被压力压弯了腰。你总是有太多不切实际的梦想，又像一个七旬老人一样忍不住唉声叹气。一切的迹象都在提醒你：必须改变，才能重生！

在上一章里，我们曾经说过，人生需要改变，才会充满动力和活力。在这里，我们依然需要说，不管以怎样的方式，都要努力地求变，这样才能在不断进取的过程中，让自己的人生活出不一样的风采。否则，人生数十年如一日，活着就是简单的重复，还有什么意义呢？只有无畏地面对人生，只有从容地绽放光彩，我们才能在生命的历程中不断地崛起，才能在人生的道路上无所畏惧地前行。这才是最重要的，也才是每个人都要理性面对的。

不管命运以怎样的方式对待我们，每个人都要努力期待未来。既然我们是自己的神，是自己的上帝，我们为何不尽量把未来想得绚烂多彩呢？人生总是需要一些激励的，而不要始终停留在原地。止步不前的人生，不值得骄傲和自傲，每一个积极面对人生的人，也不应该在生命的梦醒时刻再幡然悔悟，懊丧不已。从现在开始努力，我们的人生一定会绽放光彩，我们也一定会对得起自己期望的未来！

包容不是放纵你的任性

一直以来，我们对于爱的理解有失偏颇，过于狭隘。我们误以为所谓爱，就是要更加放纵和任性，就是要被无原则包容和接受，就是要想干什么就干什么，没有丝毫的约束。为此，很多父母就这样去爱孩子，他们的纵容从婴儿、幼儿时期，延续到儿童、青少年时期，最终，等到孩子长大成人，父母突然拔高对孩子的要求，希望孩子能够很成熟，很周到，很理性，很强大……但是，不管父母对孩子有什么期望和要求，孩子统统做不到。因为一直以来，孩子已经习惯了父母无原则的纵容和无限度的付出，他们变成了巨婴，尽管身体在充足的营养下不断地成长，甚至有些孩子还很健硕，但是他们的心灵却始终停留在婴幼儿阶段。面对这样的孩子，父母不但老无所依，还要在老迈之时分出时间和精力来照顾孩子，不得不说，这样的人生是很悲哀的，这是父母的悲哀，也是孩子的悲哀。

作为父母，难道不知道溺爱是对孩子最大的伤害吗？难道不知道包容不等于放纵孩子的任性吗？难道不知道自己终究有一天要老去，而孩子要独立面对人生，甚至还要肩负起照顾父母的重任吗？如果父母从来不曾有意识地培养和发展孩子这个方面的能力，那么突如其来就要求孩子马上成长，这怎么可能呢？因此父母一定要知道怎样爱孩子，也要引领孩子走上人生的正道。真正爱父母的孩子，会留意孩子心灵深处最微妙的变化，会为孩子的每一次进步而鼓掌喝彩，也会为孩子的每一次退步而感到忧心忡忡，更会在孩子任性的时候，给予孩子更多的引导和帮助。

不仅父母对孩子应该如此，人与人之间的所有关系都应该如此，尤其是那些关系亲密、感情深厚的人之间，一定要学会如何去爱，如何去包容。人的本性都是自私的，每个人都想得到更多，付出更少，都想在做事情的时候顺着自己的心意，而无须委屈自己。然而，这样理想的状态在现实生活中并不存在，事实是，每个人都不会生活在绝对自由的环境里，我们平日里所说的自由是相对的自由，是在一定约束条件和条条框框内的自由。只有这样的自由，才会给自己和他人都带来愉悦的感受，也才会在自己与他人之间建立友好融洽的关系，可以更好地交流和相处。

作为家里的独生子，徐岩从小就被父母无限骄纵和宠爱，尤其是爷爷奶奶和姥姥姥爷，更是看着这棵十八里地的独苗，捧在手里怕摔了，含在嘴里怕化了，哪怕徐岩要天上的星星和月亮，四个老人但凡有办法，也会马上满足徐岩的愿望。才进入幼儿园，徐岩就成为班级里的小霸王，不是抢夺这个小朋友的东西，就是打那个小朋友，几乎每天都有家长找到老师告状，对此，老师虽然和徐岩父母反馈过很多次，也总是告诉前来接孩子的老人，但是他们都没放在心上，常常以孩子小为由推脱了。

渐渐地，徐岩长大了，进入高中的他喜欢上班级里的一个女孩。但是，那个女孩不喜欢徐岩，也不欣赏徐岩身上富二代、公子哥的纨绔气息。在徐岩表白之后，女孩义正词严地拒绝了他，徐岩何曾受过这样的拒绝和屈辱啊，他恼羞成怒，在一天下了晚自习的时候尾随女孩，对女孩实施了强暴，又担心女孩会把事情说出去，居然残忍地杀害了女孩。这起案件很快就被侦破，徐岩的父母和爷爷奶奶、姥姥姥爷四处托人找关系，想要帮助徐岩免除死刑。然而，他们未曾想到受害者的父母一下子失去了如花似玉的女儿，失去了就要考大学成人的女儿，心中又是怎样的痛苦。

不得不说，徐岩的悲剧是他的父母和爷爷奶奶、姥姥姥爷一手造成的。正是他们长期以来对徐岩的纵容，导致徐岩越来越任性，真的以为自己就是宇宙的中心，不管自己有什么欲望和要求都要被满足。这样的自我感觉，使得徐岩在犯罪的道路上越走越远，最终无法回头。这样的悲剧给两个家庭都带来了毁灭性的打击，一边是教育的失败，而另一边则是飞来横祸，无妄之灾。

当孩子犯了错误，要区分孩子犯错的原因，父母可以对孩子采取包容的态度，原谅孩子的错误，也引导孩子积极地改正错误。然而，有些错误是无心之过，也或者是因为孩子还小导致的，是值得被原谅的。而有些错误，看起来是小错误，实际上却涉及原则问题，一定不能肆意纵容。孩子还小的时候，缺乏自我认知和管理能力，为此他们会根据父母对他们的态度区分哪些事情是可以做的，哪些事情是不可以做的，由此来调整自己行为举止的界限，让自己的言行举止符合道德要求和法律规范。如果父母总是对孩子采取纵容的态度，无限度地包容孩子，那么渐渐地孩子就不知道自己的行为边界在哪里，任性也会变本加厉。可想而知，对于这样一个完全失去自制力和自控力的孩子，一旦离开父母的照顾，就会像一个定时炸弹一样，不知道什么时候就会把自己和别人一起炸飞。为此，不管是教育也好，还是爱也好，都要坚持原则，不能失去底线。

有眼光，你才有未来可期待

俗话说，站得高，看得远。的确，当一个人处于低洼的地方，是不可能看到更远处的风景的，为此他的视野也就局限在眼前的方寸之地，不但人生受到禁锢，自我成长也会受到很大的约束。反之，当一个人站在高处，就可以看到远山，看到大海，看到人生中更加辽阔的风景，他的心胸也会变得更加开阔，他的人生必然天高地远，有更为广阔博大的空间供他发展和成长。为此，很多人说贫穷可怕，很多人说没有知识可怕，很多人说从未见过世面可怕，而实际上真正的可怕是没有眼界，目光短浅。一个人如果心怀远大，在人生中看待很多问题、做很多决定以及做很多事情的时候，都会让自己有更大的格局。而一个人如果心眼比针尖还小，看任何问题都局限于眼前，那么他不管在人生之中做什么事，都只能看到眼前，人生和未来都会受到局限和禁锢。从这个角度而言，一个人可以很穷，可以没有渊博的学识，但是一定要有眼光。

曾经有一位科学家说，他是站在巨人的肩膀上才能取得更好的成就。那么，如何提升眼界呢？要想让眼光更长远，人生的格局更大，就要积极学习。毕竟新生命在呱呱坠地的时候什么也不懂，是因为不断的学习，看到更多的风景，经历更多的人和事情，通过学习的方式让自己掌握更多的知识，智力得以不断地提升，所以才会知道更多，懂得更多，也才能够让自己到达人生新的高度，看到人生中从未见识过的风景。

曾经有一位富人，年轻的时候很穷，经过一生的打拼，才跻身富豪之列。在即将离开人世的时候，他留下了一道谜题，并且设立了奖金，要把奖金留给猜出谜底的人。在富人去世后，律师把富人的谜题刊登在各种报刊上，面向全国征求答案：和富人相比，穷人缺少什么？很快，律师就收到了很多人的信件，他们在信件里给出了各种各样的回答。有人说穷人缺少知识，有人说穷人缺少金钱，有人说穷人缺少权势……到了揭晓谜底的日子，律师和公证处的人一起揭晓了谜底，原来富人的谜底是“野心”。在数以万计的信件之中，只有一个十几岁的女孩猜中了答案。有人采访女孩，问她是如何想到答案的。女孩说：“我姐姐正在读初中，每次她把男朋友带回家里约会的时候，看到我在看着他们，她总是恶狠狠地告诉我‘不要有野心’，我想，‘野心’一定是非常可怕的东西。”

原来，女孩是这样想到野心这个回答的，相信在姐姐不断的叮嘱下，她一定深刻意识到野心的力量和可怕。原来，和富人相比，穷人最缺少的是野心，他们总是安守本分，从来都没有意识到有朝一日要改变贫穷的生活，为此就会甘于贫穷，与贫穷安然相伴。野心，实际上和眼界、梦想等都有着异曲同工之妙。一个人心里有理想，才能朝着理想去努力，而一个人唯有看到别样的人生，才会努力拥有别样的人生。所以，要想在人生之中有更好的发展，我们一定要有眼光，也要以眼光来指引自己朝着理想的方向努力奋斗，这样才能在生命历程中有更好的成长和更美好的未来，也才能在不断努力进取的过程中获得更好的结果。

常言道，思想有多远，人生就能走多远。也有人说，心有多大，人生的舞台就有多大。实际上，不管是思想还是心的天地，都是由人生的格局决定的。我们一定要有人生的大格局，也要让自己的眼光看得更加长远，这样才能在人生道路上始终都充满力量，努力向前，最终到达人生的巅峰，实现璀璨辉煌的人生。

要想让自己的眼光更加独到犀利，我们还要培养自己的前瞻性。很多人走一步只能看一步，而有的人在走出一步之后，能看到未来的第二步、第三步，甚至更远的地方。毫无疑问，这样走一步看三步，才能在人生之中有更好的成长，也才能对人生谋篇布局，使得人生按部就班得以发展和推进。当然，这样的前瞻性并不是与生俱来的能力，而是我们在现实生活中不断地努力成长，用心感受生活中的很多事情，才能渐渐形成的。俗话说，不经历无以成经验，唯有对人生和未来有更明确的判断，我们的努力才会事半功倍，我们的人生才会水到渠成。当然，无论眼光多么独到和长远，努力都是必不可少的。任何人，要想获得成功，都要坚持努力，因为唯有努力才是通往成功的唯一途径。

得意不张狂，人生才能飞得更远

很多人在得意的时候，总是会情不自禁自我感觉良好，不能脚踏实地沉下心来，变得很浮躁，恨不得向全世界宣告“我是最棒的，我是天下第一”。然而，心态一旦改变，人的言行举止就会随之改变，很多人在得意洋洋的时候无形中就会张狂起来，也会因此而放弃继续努力，似乎人生因为一次小小的成功就可以一劳永逸。殊不知，人生是一个线性的过程，每个人在人生的旅程中要不断地前进，不能停下脚步，这也就意味着我们在人生的这一程看到美景之后，接下来还要继续向前走，才能看到更多神奇的景色。

俗话说，小心驶得万年船。在得意张狂的时候，不努力也许只会导致自己停滞下来，不能继续前进，但是如果因为得意洋洋而失去谨慎的品质，导致一不小心闯祸，那么再想弥补就要付出很大的代价。尤其是在职场上，当做出很好的成绩之后，必须要保持谦虚和低调，不要张狂，否则枪打出头鸟，最终导致糟糕的后果，这就得不偿失了。真正明智的人知道，越是得意，越是要低调。越是得意，越是要保持谦虚谨慎。唯有如此，才能继续前面的努力，让自己做得更好，飞得更高。

作为穷人家的孩子，小马在十岁的时候跟随出差的叔叔去了一次北京，见到了心心念念的天安门，从此之后，他作为山沟沟里的孩子，对北京从未忘记过。他做梦都想着去北京生活，因为那里有高楼大厦，那里有开得很快的车子，那里有平坦的道路，那里还有天安门。当然，小马也知道都是农民的父母给不了他太多的帮助，为此他发愤读书。从北京回到家乡，他每天五点钟天不亮就起床，起床之后不是读语文，就是读英语。就这样一直坚持到高三毕业，小马如愿以偿以全县第一名的好成绩考上了北京的一所大学。这样的荣耀让压抑许久的小马一下子爆发起来，得到县里的奖励金，得到村子里每户人家的恭贺与道喜，小马觉得自己简直是比县长还要了不起的大人物。甚至到大学报到的时候，小马也沾沾自喜，得意张狂。

进入大学之后，小马才发现自己并不是班级里的第一名，而是处于中等水平，他认识到人外有人，天外有天。但是他不想就这样认输，他还是想要出类拔萃。一个偶然的机会，小马在学校里的告示栏中看到有人求购二手手机，他马上嗅到商机。因为从小家里生活穷困，他习惯了精打细算。为了赚取微薄的差价，他不厌其烦在学校里回收旧手机，将其加上一些利润之后，卖给需要的同学。就这样，小马不但能赚取自己的生活费，还把学费也赚出了。后来，山寨手机盛行，骄傲自满的小马觉得自己不但是学习的好材料，也是做生意的好材料，为此用学生贷款批发了很多廉价的山寨机卖给同学。然而，山寨机是三无产品，很快小马就东窗事发，被同学们告到学校。学校领导当即和小马严肃谈话，责令小马不许销售三无产品，但是这个时候的小马已经赚钱赚红了眼睛，根本停不下来。最终，小马被举报到工商部门，不但交了大量罚金，而且还被学校勒令退学。

眼看着还有最后一年就要毕业的小马，就这样与大学失之交臂，他的内心承受不住这样的打击，选择以自杀结束生命。虽然后来被救了回来，但是整个人却变得无精打采，精神颓废。

从以全县第一的好成绩考入北京的一所大学时，小马的自信心就开始膨胀，而且也因为爆发的自信而变得得意张狂，甚至连自己是何许人都不能正确评价。到了大学之后，他发现自己在学习上并没有占据绝对优势，又做了小生意。因为做生意赚取了一些钱，小马更加得意，做事情也就失去了谨慎，变得很冒进。最终，他不但没有因为做生意而发财，反而因此被学校勒令退学，可谓偷鸡不成蚀把米，损失惨重。在人生的道路上，人人都有得意的时候，也有失意的时候。真正的人生强者，得意的时候不张狂，失意的时候不沮丧，始终保持淡定平和的心境，对于人生中的各种境遇和状况兵来将挡，水来土掩。这样才能稳扎稳打，走好人生之路。

人生之路并不那么好走，我们要有坚韧不拔的毅力，在坎坷的境遇中始终坚持前行，排除万难努力向前，要有淡然的心态，在走到人生开阔的大路时，也要做到一步一个脚印，踏踏实实去走，不要肆意张狂，恨不得飞起来，否则会在大路上摔跟头。小心驶得万年船，一个人只有小心谨慎，才能在人生的道路上走得更远，才能海阔凭鱼跃，天高任鸟飞。

羡慕别人，对于你的人生没有任何助力

现实生活中，很多人都羡慕别人。看到别人的父母有权有势，他们就抱怨自己的爸爸为何不是马云；看到别人学习成绩

好，他们就说那都是因为别人运气好；看到别人在工作上有很大的进步，得以升职加薪，他们说别人都是沾了亲戚的光……总而言之，别人不管做什么，他们都会给别人找到原因，也因此而更加羡慕别人似乎不需要辛苦努力，就能收获很多，也能获得成功。实际上，别人得到的一切都是有原因的，不是借助于外力，而是因为他们一直以来的努力和坚持。世界上从未有一蹴而就的成功，每个人要想获得成功，都必须付出加倍的努力，才能有所收获。为此不要总是把目光盯着别人的运气，而要意识到别人能有今日的成就，是因为他们在不为人知的时候吃了很多的苦，在特别艰难且危难的时刻，也一直在坚持不懈，努力奋进。看到这里，不要再因为别人的成就而盲目羡慕，因为羡慕别人对于提升我们自己根本没有作用。

对于每一个想要成功的人而言，当务之急是要放弃空想，而且在深思熟虑之后努力去做。很多人都是眼高手低的典型代表，他们大事做不了，小事不想做，总是在羡慕和抱怨中白白浪费时间，即使有机会来到他们眼前，他们也只能看着机会从自己的眼前悄悄溜走。所有的成功背后，都隐藏着无数的艰辛，所有的得到背后，都是长期坚持的付出。如果你从来不曾努力和付出，又有什么资格要求获得收获，奢望得到成功的青睐呢？看到别人成功，与其羡慕，不如用这些时间来认真反思自己做得好不好，够不够。如果自己做得既不够也不好，那么就要当机立断调整好心态，脚踏实地去努力和付出，这样也许还能得到收获，也得到惊喜。

最近，小薇要减肥，因为她突然发现自己去年的衣服全都瘦了，为此赶紧上称，这才发现自己已经狂增十五斤肉肉。难怪男朋友最近总是说她的尖下巴变成了圆下巴，要是不赶紧减肥，等到来年春天结婚的时候，也许预定好的婚纱就穿不上了。为此，小薇当即在家里对食堂长——妈妈宣布：以后不要为我准备晚饭，我不吃晚饭，晚上就吃水果和酸奶。妈妈听到这个宣布很受打击，念叨："不吃饭怎么行呢，少吃也得吃啊，这样减肥肯定会生病的，到时候看你怎么办！"妈妈爱女心切，每天晚上照旧做好小薇爱吃的饭菜等着小薇回家，前几天小薇减肥意志坚定，还能对着那些美味可口的饭菜嗤之以鼻，但是才不到一个星期，小薇就忍不住诱惑，吃了一个大鸡腿。此后的日子里，小薇或者吃一些鱼虾，或者吃一些蔬菜，一开始还能坚持不吃主食，后来主食也照常吃。

有一天，妈妈看着小薇狼吞虎咽的样子，忍不住调侃小薇："我看以后还是不要节食了，你没发现你在节食之后，吃得比之前更多了吗？"小薇对妈妈翻起白眼："我现在中午吃得少。"的确，小薇为了减轻负罪感，中午吃得少了很多。然而，午饭坚持节食才没多久，一天中午，领导突然宣布："今天中午我请客，海鲜大餐！"同事们欢呼雀跃，小薇很犹豫："海鲜大餐，吃还是不吃呢？"其实，小薇也犹豫了没多久，因为领导请客肯定是要去的，一看到大盘的螃蟹、虾、三文鱼等，小薇早就把减肥这件事情抛之脑后了，赶紧卷起袖管和同事们一起大快朵颐。就这样，小薇一会儿晚饭不吃，一会儿午饭不吃，结果到最后，一天三顿饭，哪顿饭都没少吃，不但一斤肉没少，反而又长了好几斤肉，她只得和男朋友商量着赶紧通知婚纱店修改衣服尺寸。

作为女孩，在看到其他女孩又瘦又漂亮的时候，心中一定会羡慕嫉妒恨，然而，当自己减肥的时候，却又无法抵御美食的诱惑，常常一边喊着减肥一边大快朵颐，还安慰自己吃饱了才有力气减肥，最终不但减肥没成功，还因为饮食不规律、暴饮暴食，导致增肥。这样的结果使人啼笑皆非，也让无数减肥的女孩感到万分苦恼。

人生之中，不管追求什么，都是要付出代价的。曾经有一个女明星为了减肥，吃米饭只吃十粒，想一想这是什么概念，十粒米还不够塞牙缝的，怎么就能只吃十粒米呢？由此我们可以知道，明星的美丽漂亮，是要做出很多牺牲的。也许有些人会说，女明星都有专业团队来打理她们的饮食，其实不然。即使再专业的团队，如果女明星暴饮暴食，也是根本不可能控制好体重的。这需要毅力，需要坚持，需要对于美的执着追求和对于事业的热爱。所以不要再羡慕女明星个个都是瓜子脸，麻杆腿，如果你对自己够狠，你也可以又瘦又美丽。

除了减肥之外，人生中还有很多的事情都是我们所渴望和憧憬的，不要盲目羡慕那些已经达成你的目标的人，而要想一想他们曾经付出了怎样的努力，而你又是否能和他们一样努力和坚持。如果你的回答是否定的，那么不要羡慕，因为你做不到；如果你的回答是肯定的，那么不要羡慕，因为你也可以做到。任何时候，羡慕都不能起到实质性的作用，我们唯有当机立断展开实际行动，才能让自己距离理想的生活更近。否则，当把所有的时间和精力都用来羡慕了，我们哪里还有时间来激励自己坚持行动呢！

第06章 别人嘲笑的不是你的梦想，而是你的实力

有多少人都因为各种各样的原因而搁浅了梦想，他们害怕被嘲笑，害怕被否定，也害怕被梦想抛弃。正如马云所说，梦想还是要有的，万一实现了呢。还有一句话不知道是否也是马云说的，梦想的道路一旦选定，就算是跪着也要走完。实际上，更多的时候人们嘲笑的不是你的梦想，而是你的实力。一个真正有实力的人，拼尽全力去实现梦想，不管别人说什么，他们从来都不会放弃。

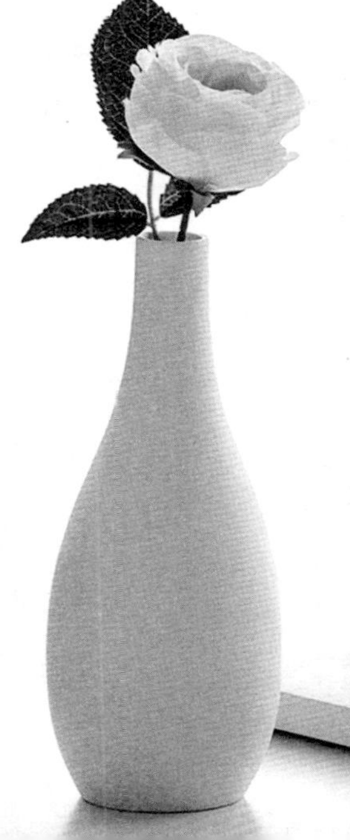

不拼搏不奋斗，你要青春做什么

很多年轻人自诩年轻，有大把的时间可以挥霍，有用不完的青春时光在等待着他们，为此他们总是肆意浪费时间，也总是在成长的道路上迷失自我，殊不知，时光如同白驹过隙，转眼之间就只剩下苍老的容颜和心中无尽的悔恨。古人云，少壮不努力，老大徒伤悲，作为年轻人，不拼搏不奋斗，还要青春做什么呢？不管是青春年少，还是人生到了中年，我们都要抓紧宝贵的时光努力奋斗，才能让人生在最美好的年华绽放，才能让青春在人生中最光彩的时刻里绚烂呈现。

对于每个人而言，人生中最宝贵的时光是很短暂的，走出校园，年轻人就已经开始了二字头的人生，而等到走过而立之年，到达不惑之年，人生也如同快速行驶的列车一样转为匀速行驶的状态，为此需要我们在人生的历程中更加有的放矢拼搏和奋斗，才能在人到中年的时候有资本，在人到老年的时候可以静下心来享受人生。否则，如果读大学的时候不努力，找工作的时候就会很被动，如果在年轻的时候不奋斗，到了中年、老年的时候，就要挤破了脑袋，和年轻人争饭碗，这不是拼搏的精神，而是人生的被动局面。

小学阶段，老师让写一篇作文，名字就叫《我的梦想》。

在这篇作文里，小鹏没有和其他小朋友一样，梦想着当上村长，或者梦想着成为教师、医生、科学家等，而是梦想着有朝一日去非洲看狮子。在当时，别说小鹏了，就连老师都不知道非洲在哪里，只是从书本上听说非洲而已。为此，老师当即勒令小鹏改写这篇作文，并且说小鹏这不是梦想，而是痴心妄想，是痴人说梦，还扬言如果小鹏不当即改写，就要给小鹏差等级。尽管小鹏被老师勒令改写，却很坚持：这就是我的梦想，我一定会实现的。

小鹏很委屈，把作文拿回家里给爸爸看。没想到，爸爸看到之后哈哈大笑，说："你的作文写得很好，不过的确是痴心妄想，老师说得对。"小鹏看到爸爸也这样评价自己的伟大梦想，忍不住委屈地哭起来。后来，小鹏一直很努力地学习，大学毕业后进入一所知名企业工作。而对于成绩优秀，得到好几家大企业聘用通知的小鹏，为什么会选择这家经常出差的企业，没有人知道其中的原因。谜底很快就揭晓，公司要派人去非洲出差，为期一个月。以往出差，同事们都争抢着去，因为去的是欧洲国家，而这次是去贫穷的、条件艰苦的非洲，为此那些老同事都避之不及，只有小鹏主动递交了去非洲的申请，申请很快就被批准。家里人得知小鹏要去那么危险的地方出差，全都表示强烈反对，但是小鹏背起行囊义无反顾地去了。没过多久，小鹏就从非洲寄回来几张照片。在照片里，小鹏正在辽阔的大草原上，他的身后就是几头狮子。看到照片，爸爸恍然大悟：原来，小鹏始终牢记着自己当年被嘲笑的梦想！

在这个事例中，小鹏当年的梦想如果不曾被嘲笑，也许他就会和其他孩子一样，在写完梦想之后就不知不觉间把梦想抛之脑后了。也许正是因为老师的嘲笑和爸爸的否定，小鹏才始终牢记梦想，也才总是把梦想牢牢记在心中，最终拼尽全力去实现。每一个人在面对梦想的过程中，都要全力以赴实现梦想，都要无所畏惧绽放梦想，这样才能让人生在梦想的照耀下绽放光彩，变得与众不同。

年少的时候，谁不曾有梦想呢？也许正如马云所说的，被嘲笑的梦想才是真的梦想。既然如此，就不要因为梦想被嘲笑而否定自己，也许那些嘲笑你梦想的人，只是因为目光短浅，思想不敢想。作为梦想的拥有者，我们要坚定不移走好实现梦想的道路，才能在人生的旅程中不断地努力向前，看到别人未曾看到的风景，也领略别人不曾领略的人生奇观。只要我们自己相信梦想，也愿意在实现梦想的道路上拼尽全力，勇往直前，我们就可以实现梦想，也可以拼尽全力创造梦想。记住，梦想就在我们的心中，只要我们自己不放弃希望，始终努力向前，未来就一定会给我们带来惊喜！

今天不流汗，明天就要流泪

今天的你也许过着并不如意的生活，每天虽然朝九晚五，实际上却因为付不起昂贵的房租而生活在城市的远郊区，每天早晨天才蒙蒙亮就要起床，匆忙地洗漱，顶着一头的星星奔向公交车站、地铁站，奔波一两个小时，才到达工作的地方，赶紧在路边小摊随便买个什么饼，也不顾淑女或者绅士形象，就一边吃着，一边急急忙忙排队等电梯，去到办公格子间所在的楼层。有的时候，周末还要加班，你已经不知道自己有多久没有看到太阳，甚至当中午时分因为突然需要处理的事情而走下写字楼的时候，还会被晃眼的阳光刺得睁不开眼睛。这真的是你想要的生活吗？你不由得感到迷茫，内心深处也有太多的彷徨。你甚至不知道如何面对人生，也不知道如何应对未来，想一想自己曾经梦想中的生活，你非常迷茫。

然而，今日的辛苦努力到底是为了什么呢？每当想起曾经的同学已经在家乡过起悠闲惬意的生活，每当想起未来还那么遥远，甚至看不到希望的光，你也有过一刹那想要放弃，但是认真仔细地想一想，你又忍不住劝说自己：还是坚持下去吧，我想要的也许终究会到来！当新年的钟声响起，当新年的雪花开始肆意飞扬，你迈着坚定的步伐走向前方，因为你知道自己除了努力，别无选择。

对于人生，每个人都有自己的设想和期望，为此每个人所憧憬的人生是截然不同的，所拥有的人生也因为目标和梦想的指引而变得不同。有的人希望岁月静好，有的人只想在人生中不停地折腾，在这样的情况下，我们无须盲目地模仿别人，也不要因为羡慕别人就迷失了自己。只有不断地坚持，努力进取，我们才能在生命的历程中奔向自己所期待的未来，也才能坚持进取，在人生中活成自己想要的模样。记住，我们是自己人生的主宰，是自己的命运之神，任何时候都不要盲目地迷失，也不要一味地沉沦。只要我们扬起人生的风帆，勇敢地驶向人生和未来，一切就都会不期而至，也会在我们的努力达到一定程度、坚持到一定时间的时候，成为对我们最丰盛的嘉奖。

作为年轻人，一定要在年轻的时候努力奋斗，否则，如果今天不流汗，未来就会因为生活的困窘而流泪。这个世界是残酷且现实的，它逼迫着我们不得不绝地求生，尤其是命运之神，还常常会和我们开各种残酷的玩笑，导致我们在不断努力和前行的过程中，常常面临命运的绝境。然而，正如人们常说的，天无绝人之路，只要心中有希望，只要不停地努力和坚持奋斗，我们就总能冲破乌云的遮蔽，看到美好的未来，也总能在生命不断努力向前的过程中，获得更多的惊喜和收获。

不要抱怨命运残酷，很多时候，正是因为命运如此残酷，才能逼着我们不断地向前。古人云，生于忧患，死于安乐。很多时候，在安逸舒适的环境中，人们总是会陷入惰性的怪圈之中，也总是会在情不自禁的状态下感到迷惘和困惑。反而在人生的忧患状态之中，我们被逼着努力和崛起，又因为一无所有，光着脚，为此在人生中呈现出破釜沉舟的状态。人生看似漫长，实际上却非常短暂，尤其是那些适合努力奋斗和进取的青春时光，更是在不知不觉间就会消逝。对于每一个年轻人而言，努力都应该是他们理所当然呈现出的人生状态，否则一个人不努力，就算好运气来到眼前也抓不住，就算有贵人相助，也因为他们不曾伸出手，而根本不知道应该抓住哪里。为此，一定要努力，一定要坚持奋斗，只有足够努力的人才能以昂扬的姿态面对这个世界，也只有足够努力的人，才能在坚持奋斗的过程中，获得生命的馈赠。

有些年轻人对现实生活总是充满抱怨，他们觉得自己没有得到命运的馈赠，或者常常被命运捉弄，为此他们怀着对生活的强烈不满，常常想要放弃努力，不想继续拼搏和进取。殊不知，命运是公平的，它在给人关上一扇门的同时，也会为人打开一扇窗。作为年轻人，一定要对人生有更多的憧憬和渴望，也要努力地在生命的历程中不断进取，这样才能够继续向前，勇敢无畏。否则，一个充满抱怨、消极懈怠的人，是无法在命运的旅程中获得成功的，也是不可能得到好运青睐的。

努力的人才有资格奢求结果

随着社会的发展，时代的进步，越来越多的人在生命的历程中渴望获取更多的收获，甚至还奢望着不劳而获，或者一蹴而就获得成功。然而，一个人如果从来不曾努力，是没有资格奢求成功的。在人生的道路上，人人都必须非常努力，才能点滴积累，让自己拥有更多的成功资本，从而获得成功。为此，人们常说，只有努力的人才有资格奢求结果。

何为努力呢？这并没有一定之规，也没有统一的标准。有些年轻人自以为很努力，觉得自己每天都在学习，对待工作也很认真。殊不知，努力是相比较而言的。如果身边的人都在玩，对待工作三心二意，那么一个在八小时之内对待工作专心致志、全力付出的年轻人，就堪称努力。反之，如果身边的人都非常认真，常常把八小时以外的时间也用来工作和学习，而你却在玩吃鸡游戏，在和朋友们一起泡酒吧、泡歌厅，那么即使你在规定的工作时间里很认真工作，也不能算作是努力。正如人们常说的，生活如同逆水行舟，不进则退，实际上，生活也是在不断地比较中前行，尤其是现代社会人才济济，长江后浪推前浪，前浪如果不努力，难免会被拍死在沙滩上。为此，不要觉得一时的努力之后就可以拥有一劳永逸的生活，现实告诉我们，要想在竞争激烈的现代社会中生存下来，为自己赢得一席之地，或者是提升生活的质量，那么就要坚持努力。只有在持续努力的状态下，人生才能不断向前，未来也才会以更好的姿态出现在人生之中，给我们展开绚丽的画卷。

当然，努力是要有方向的，为此我们还要确立梦想，确立理想，确立人生的远大目标。否则一旦方向错误，我们就会像南辕北辙中的那个人一样，虽然有着坚固的马车、经验丰富的车夫和充足的盘缠，却选错了方向，最终注定要在人生的漫长旅程中迷失自我，距离既定的目标渐行渐远。只有选择正确的方向，我们才能在人生的道路上不断地崛起和奋进，也才能在坚持努力的过程中，有更好的成长和未来。

要想确立方向，在树立梦想、理想之后，就要确定目标。需要注意的是，在确定目标的过程中，我们要分三步走。第一步，确定远大的人生目标。这个目标的意义在于为人生的长远发展提供指导，为此目标可以很远大，这样才能对人生起到长期指导的作用。当然，远大的目标也要基于现实，而不要过于浮夸，否则就失去了实现的可能性，对人生也没有指导意义。第二步，远大的人生目标需要漫长的时间、坚持努力才能实现，而如果我们在长期奔跑的过程中，始终到达不了一个休息的驿站，也得不到任何认可和鼓励，就会导致我们在成长过程中迷失，为此我们需要把远大目标进行划分，使其变成中期目标。相比长期目标，中期目标是在坚持比较长的一段时间之后可以达到的。而且中期目标的制定，也可以作为我们努力过程中的参照物，帮助我们在不断努力的过程中保持正确的方向，始终行进在正确的轨道上。第三步，还要把中期目标划分成多个短期目标，短期目标可以具体到一个月，或者是一周，甚至还可以具体到一天，即超短期目标。在短期目标的指引下，我们可以有的放矢去努力，坚持在很短的时间内做该做的事情，让人生变得更加充实有意义。这样一来，我们就能够在坚持实现短期目标的过程中获得小小的成就感，也获得继续努力奋进的动力。

总而言之，努力不是朝夕之间就可以完成的事情，人生是一个线性的过程，努力也应该是线性的过程。在人生的过程中，要坚持努力，点滴积累，才能由量变引起质变，也才能最终在人生中获得腾飞的机会，变得越来越坚定不移，努力进取。一个不曾为了努力而流过汗水、泪水，甚至流过鲜血的人，是没有资格索要回报的。如果人生总是轻而易举就能获得成功，那么这世上就不会存在竞争了。现代社会，生存的压力越来越大，竞争越来越激烈，每个人都要全力以赴经营好属于自己的人生，才能在不断进取的过程中坚持奋斗，坚持前行，也才能激励自身的力量和斗志，让自己更加勇敢无畏，一往直前。

在《劝学》中，荀子说：不积跬步，无以至千里；不积小流，无以成江海。在《老子》中也记载：合抱之木，生于毫末；九层之台，起于垒土；千里之行，始于足下。由此可见，早在古时候，人们就已经认识到很多事情之所以有伟大的成就，都是因为一直坚持积累，才能从量变到质变。小生命在呱呱坠地的时候，也是非常孱弱的，正是因为不断地摄入营养，坚持学习，才能长大成人。然而，即使成人之后，面对竞争激烈的人生，要想在生命的历程中做出一定的成绩，出人头地，也必须更加努力进取，坚持学习，坚持进步。尤其是年轻人，更应该趁着青春好时光，让自己变得更加强大。

当你的才华足以支撑你的梦想

曾经有一位资深人力资源管理者说过，对于如今的年轻人而言，最可怕的不是年轻，缺乏工作经验，也不是贫穷，而是失去了人生的方向，始终在迷惘的状态中徘徊犹豫，迟疑不前，对于人生根本不知道何去何从最终错失最好的青春年华，日复一日地混日子，赚取微薄的薪水养活自己。的确，对于任何人而言，迷失方向都是一件很可怕的事情，因为迷失方向就无法前进，也不知道努力的时候要把力气用在何处。

在如今的职场上有一种很奇怪的现象，那就是很多年轻人找不到合适或者理想的工作，而很多用人单位也在抱怨没有合适的人才可以聘用。这是为什么呢？只能说骄傲的年轻人对于自己的要求和标准与用人单位对于人才的要求和标准相差甚远，正是因为如此，年轻人才会感到非常迷惘，不知道如何才能实现自身的价值，找到适合自己的舞台。也有相当一部分年轻人迫于生活的压力，怀着骑驴找马的态度，一边找到一份不那么满意的工作先做着，一边这山望着那山高，继续找着其他的工作。殊不知，这种骑驴找马的态度对于自己的职业发展是很不负责任的。首先，当年轻人不能全力以赴投入眼下的工作时，他们在工作上就不会做出成绩，也不会有进步，为此就不能积累宝贵的工作经验；其次，现在的工作不能让年轻人的工作经验变得丰富，渐渐地，他们就会很懈怠，而在寻找新工作的时候，依然和刚刚大学毕业时一样，没有更多的资本。为此，明智的年轻人不会骑驴找马，他们或者执着地寻找理想的工作，或者全身心投入眼下的工作之中，让自己随着工作时间的延续，而变得更加成熟，有担当。这样一来，他们在有朝一日想要换一个人生舞台的时候，才会因为有所成就而底气更足，也会因为有所成就而在向新的领导介绍自己的时候，可以做到有理有据。总而言之，工作上不能有丝毫的含糊，否则就会一事无成。

归根结底，年轻人觉得迷惘，只是因为才华还支撑不起梦想。而在职业生涯中，他们总是对工作不满，总是这山看着那山高，这样是无法有效提升自己的。明智的年轻人不会总是抱怨，从外部寻找原因，而是会努力地提升自己，完善自己。很多刚刚走出大学校园的人，对于自己在大学中学到的那些知识信心十足，甚至觉得自己就是高材生，理应得到公司的重用。殊不知，如今正处于信息时代，知识更新的速度也前所未有的快，很多大学生在走出大学校园之初，在大学校园里所学到的那些知识就已经落伍了。为此，从大学毕业并不意味着可以结束学习，而是意味着新的学习即将展开，意味着从此之后要从在学校里系统学习的状态转化到在职场上一边工作一边学习的状态。为此，一定要更加辛苦和努力，才能在成长的道路上不断地崛起，才能在人生奋斗的历程中始终有资本，有底气。

正如人们常说的，人生如同逆水行舟，不进则退，尤其是在进步飞快的现代社会，每个人更要动起来。如果只是一味地抱怨，而坚持停留在原地，那么很快就会被时代的大潮远远地甩下，也会因此而陷入更迷惘的状态。作为年轻人，必须转换思路，意识到今日的一切不满足都是因为自身的不够优秀。在对生活不满，对工作抱怨的时候，我们要做的就是让自己更加努力和坚持，更加无所畏惧，唯有如此，才能不断地充实自己，激励自己成长。

作为一个年轻人，仅仅有梦想，有方向，这是远远不够的。梦想可大可小，方向或许正确，也或许错误，每个人对于人生的理想和渴望都是不同的，在期待梦想的道路上，我们一定要坚持充实自己。即使没有大的才华也没有关系，毕竟能够处于金字塔尖的人是少数，我们要做的就是在实现梦想的道路上坚持向前，拥有独属于自己的成功和未来，这才是最重要的。从现在开始，再也不要迷惘，俗话说，三百六十行，行行出状元。哪怕做着最普通寻常的工作，只要我们很用心，很努力，在坚持的过程中不断地提升自己的才华和能力，也能够从迷惘的状态之中摆脱出来，让自己拥有更加充实美好的人生！

有实力，才会有如愿以偿的那一天

面对机会，你是选择抓住它，还是眼睁睁地看着它悄然溜走？如果这样理性地去选择，相信每一个人都会选择抓住机会，用机会改变人生，扭转人生的命运。遗憾的是，在现实生活中，很多人明知道如果不努力，不做好准备，就会导致机会悄然溜走，但是他们却依然会在现实中迷失，为了短暂地享受，总是放松和懈怠，不愿意当机立断展开行动，做好准备，抓住机会。正是这样，机会离我们越来越远。

现实生活中的很多人，尤其是年轻人，都有着不切实际的自信，甚至还会骄傲自满。他们在拿着大学文凭走出校园的那一刻，觉得自己简直是天之骄子。然而在不断找工作的过程中，他们渐渐地迷失，在接连碰壁之后，他们开始怀疑自己是否适应这个社会。不得不说，有些孩子的心理承受能力很差，他们在没有如愿以偿地证明自己的实力，也没有得到梦想中的工作之后，甚至因为对生活和未来失望，而选择结束生命。然而，不如意是人生的常态，一个人如果没有能力从容地应对人生，他们最终会被这个社会淘汰。为此，年轻人不但要增强心理承受能力，而且要非常努力奋进，让实力为自己代言，这样才能在追求梦想的过程中变得越来越坚定，也才能在始终坚持之后，获得人生更美好的姿态和更丰厚的收获。

美国好莱坞大片《当幸福来敲门》中，男主角曾经穷困潦倒，带着孩子住过收容所，住过厕所，甚至常常食不果腹。但是，他的心中始终充满希望，即使生活困窘，他也未曾在孩子面前愁眉苦脸，更没有当着孩子的面放弃努力。他总是很乐观，鼓励自己，也鼓励孩子，在人生的道路上不断地努力，坚持进步，最终成功地改变了命运，获得了幸福。这样的精神，正是值得我们学习的，也是值得我们每一个人在生命历程中始终坚持的。只要有实力，我们就可以把梦想变成现实，只要有实力，我们就可以在实现梦想的道路上始终坚持，直到幸福来敲门。

1928年的初冬时节，他出生在美国的一个贫民窟里。尽管生存的环境很恶劣，家庭的经济情况也总是很窘迫，但是这一切都没有影响他对生活的梦想。从年幼时期，他就梦想着自己可以改变生活，成为伟大的企业家，创造财富。父母没有更多的钱供他读书，为此他从十岁就辍学回家，开始卖报纸，帮助父母分担养家糊口的重任。此后的十年时间里，他做过各种各样的工作，也深刻认识到生活的残酷。到了二十岁，他改变了自己的梦想，因为他觉得自己不可能成为伟大的企业家，他变得更加务实，觉得自己只要有能开一家小店铺，养活自己和家人，就是很好的。然而，命运似乎在和他开玩笑，他从二十岁开始就在不断地折腾，想要扭转命运，但是又一个生命中宝贵的十年过去了，他非但没有成功，甚至还因为做生意失败而背负了沉重的债务，连养活家人都做不到。他变得更加务实，那些伟大的梦想距离他越来越远，他四处找工作，想要赚取微薄的薪水来养活自己和家人。

但是，他十岁就辍学，没有学历，最重要的是他说话的时候还结结巴巴，从事很多工作都受到限制。他苦闷极了，常常在找工作未果的时候去公园里的长椅上坐着，接二连三地抽着劣质香烟，根本不在乎自己的肺能否忍受得了。有一天，他百无聊赖，在公园里见到一张报纸。他捡起报纸，原本想从报纸上找到招聘信息去试一试，后来却在报纸的中缝里看到一则豆腐块一样的信息，这则信息里写道：在这个世界上，跳蚤是最善于跳高的动物，它的跳跃高度超出身体长度的千百倍。跳蚤可以轻而易举从玻璃杯里跳出来，但是它们却不够聪明，当科学家用玻璃盖盖在玻璃瓶上，它们被玻璃盖盖着，受到限制，此后科学家哪怕拿掉玻璃盖，跳蚤也无法再从敞口的玻璃瓶里跳出来。

看到这则信息，他茅塞顿开，觉得自己就和跳蚤一样，无形中限制和禁锢了自己。为此，他完全放下自己曾经的失败，而是努力追求更高的人生高度。他挑战自己，去当了一名汽车销售员，并且在上班的第一天，他就让妻子在他的所有衣服上都用线绣上“1”。如今，他衣服上的1已经变成了金线的刺绣，这是因为他成功了，他从一个口吃、自卑、胆怯的人，变成了世界上最伟大的销售大师。他就是乔·吉拉德，至今为止，依然没有人打破他的销售纪录，因为他在1963到1978年的时间里，总计销售出去13001辆雪佛兰汽车。在《吉尼斯世界纪录大全》上，至今依然只有他一个人用十二年的时间，荣登上销售世界第一的宝座。他到底是如何做到的呢？是因为他打破了那个无形的局限，成就了更伟大的自己，他用实力证明了自己的能力，也用实力代言了自己的人生！

科学家经过研究证实，每个人都有无穷的潜能，这潜能就像是沉睡的宝藏，始终隐藏在人们的内心深处。即使是伟大的科学家，也只是发挥了十分之一的能力。为此，不要再让潜能如同一头睡狮一般在我们的身体里沉睡，而要激发潜能，让潜能帮助我们创造生命的奇迹，帮助我们营造美好的未来。唯有如此，我们的人生才会卓尔不凡，我们的未来才会精彩可期！

有人说，人生是一场旅程，那么在这个过程中，我们既会走过平坦的地方，也会走过坎坷的地方，既会走过低谷，也会到达山峰。站得高，才能看得更远，人生也才会有更加开阔的境遇和辽阔的天地。我们要做的就是在人生的道路上一往无前地前进，就是在人生的未来始终努力向前，无所畏惧。努力地攀登人生的巅峰吧，你会惊喜地看到不一样的风景，也会惊喜地发现人生的崭新际遇！

第07章 只要想改变，永远都不会太晚

人生中，宝贵的青春年华固然短暂，但是如果想要创造精彩的人生，何时都不会晚。最可怕的是不断地拖延，不愿意开始，因为贪图安逸而不想改变，这样一来，生命就会处于停滞的状态，也会在无形中不断地退步。其实，只要想改变，何时开始都不会晚，摩西奶奶七十六岁高龄开始画画，举办画展，这不得不说是生命的奇迹。在日本，还有七八十岁的老人爬上富士山，创造了最高龄登顶富士山的纪录。

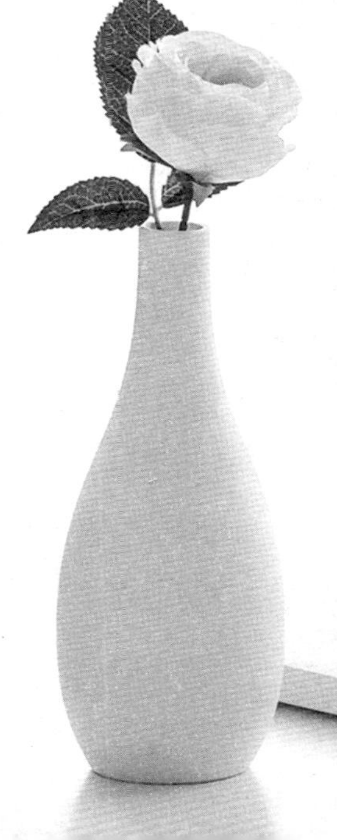

只要开始，何时都不晚

19世纪60年代，在美国纽约的一个乡村农场里，安娜出生了。她的父母都是农夫，一共生养了十个孩子。虽然家里因为孩子多而经济困窘，但是全家人在一起过着幸福快乐的生活。安娜觉得很满足，她爱她的爸爸，也爱她的妈妈，更爱这个其乐融融的大家庭。她还很爱自己出生的村庄，为此，她度过了幸福快乐的童年。后来，她渐渐长大，家里没有钱供她读书，她就开始去别人的农场里做工，赚钱养活自己，倒也很快乐。每当有闲暇的时候，她就会拿起针线刺绣，看着各种各样的景色在自己灵巧翻飞的绣花针下渐渐成形，活灵活现，她觉得内心充满了成就感和幸福感。后来，她按部就班地结婚生子，和她的妈妈一样也养育了十个孩子。

她是摩西太太，因为家里孩子多，所以她的婚后生活也很穷困。她日夜操劳，照顾全家人，用于刺绣的时间越来越少了。直到孩子们渐渐长大，她才有了更多的时间来刺绣。但是，在76岁那年，她因为患上严重的关节炎，再也没有办法刺绣。这个时候，女儿提醒她可以画画，她受到启发，当即拿起画笔，把曾经通过绣花针表现出来的一切通过画笔表现出来。她非常热爱绘画，总能把自己看到的一切都用画笔表现出来。

有的时候，作品很多，她就会将其放到店铺里代卖。正是因为如此，收藏家才会在店铺里看到她的作品，并且全部买下来，带回自己的画廊里进行展览。从此之后，摩西奶奶名声大噪，并且开办了个人画展，她的事迹也为全世界的人所熟知。很多人都以摩西奶奶为榜样，告诉自己：人生何时开始都不算晚。

的确如此，摩西奶奶76岁才开始拿起画笔，都能成为画家，对于我们而言，还有什么是做不到的呢？最重要的在于，我们要相信自己可以做到，也要相信自己何时开始都不算晚，这样我们的人生才会有更强大的动力，我们的未来也才会变得更加值得期待。

在这个世界上，如果说一定有绝对的公平存在，那就是时间对每个人都很公平。时间总是滴滴答答向前，从来不会因为任何人而驻足停留，也不会因为任何人而走得更快。一个人不管是年少还是年老，也不管是普通人还是有权势的人，他们每天都只有二十四个小时，每个小时都是六十分钟，每一分钟都是六十秒。所以人们才会说，钱买不来时间，时间才是这个世界上最值得珍惜的东西。所以，我们每个人都要珍惜时间，也要认识到时间的可贵，但也不要被时间折服。生命是一场未知的旅程，没有人知道人生将会在何时戛然而止，也没有人知道人生到底有多长。既然如此，我们就要在生命的历程中，尽量拓宽生命的宽度，这样才能在人生的历程中不断地努力向前，增加生命的意义，让人生变得更加辽阔和充实。

很多人一旦进入老年阶段，对于很多事情就会失去信心，甚至得过且过度过人生的一天又一天。也有一些年轻人，一旦到了三四十岁以后，就觉得自己没有资格在生命之中继续肆无忌惮地折腾，而要以稳定为主。实际上，生命从来不会因为时光而停滞脚步，每个人在生命的历程中都要不断进取，坚持向前。人在退休之后，还可以去参加老年大学，或者学一些年轻的时候没有时间学习的东西，或者去做一些有意义的事情，如公益事业，这些都是不错的选择。而对于年轻人而言，人生则有更多的选择。任正非42岁才在事业上打开局面，褚时健老人年逾古稀，在经历坐牢、失去独生女儿等残酷的打击之后，依然能够扛起锄头走上荒山，创立褚橙品牌，我们还有什么资格说自己已经老了，折腾不起了呢？

生命是自己的，能否让奇迹变成现实，不取决于外部的世界，而取决于我们能否在生命的历程中激发自身的强大力量，让自己变得强大且不可战胜。任何时候，只有不断地努力进取，只有突破自身的局限，超越和成就自我，人生才会回报给我们更多的可能性，也才会给予我们更加丰厚的回报。否则在事情还没有开始的时候，我们自己就放弃了，这是非常糟糕的，也会让我们彻底与成功绝缘。

时光易老，但是我们却不能轻易老去。只要怀有赤子之心，只要在生命的历程中始终充满动力，勇往直前，我们就能够在人生之中崛起，也就能够距离自己的梦想越来越近。记住，你就是你的上帝，你就是你的神，只要你内心充满希望，人生就不会走向绝望的深渊！只有怯懦者才会以“老了”“晚了”等借口为自己开脱，真正的人生强者则始终铭记：人生何时开始都不晚！

梦想，可以随时启程

很多人误以为拥有梦想是孩子的专利，或者是年轻人的专利，而无形中就会忽略对梦想的坚持，甚至觉得所谓梦想，只是年少不懂事的时候对于人生不切实际的幻想而已。梦想当然不是幻想，梦想是人生的领航灯，是人生中不可或缺的方向，也是支撑每个人不断努力上进的动力源泉。如果你觉得梦想没有意义，或者梦想是人生中花拳绣腿的存在，那只能说明你对梦想存在误解，或者你在有了梦想之后，并没有以坚定不移的态度和全力以赴的行动去实现梦想。如果你先放弃了梦想，梦想为何还要对你忠心耿耿，支撑着你在人生的道路上收获更多，坚持前行呢？

曾经，我们一定梦想着自己很不平凡，也觉得自己会有非常了不起的未来。然而，直到有一天，在和梦想渐行渐远的时候，我们渐渐迷失了自己，也遗忘了梦想。从此之后，人生一定过得无滋无味，未来也会因为我们的放弃而变成了无效的追逐。如果说人生是一道大餐，那么梦想就是其中的盐分；如果说人生是一次旅程，那么梦想就是喜马拉雅山巅；如果说人生是四季的轮回，那么梦想就是不可缺少的阳光雨露……总而言之，梦想对于人生很重要，任何时候都不要放弃梦想。即便你已经白发苍苍，容颜迟暮，你也可以开启梦想的模式，即使你已经在生命历程中遭遇各种不同的人生，你也依然可以用梦想为人生着色。梦想之于人生，有着神奇的魔力，可以让人生进入巅峰状态，也可以让人生非常迷惘。最重要的是我们对待梦想的态度。

有两个老太太已经年逾古稀，其中一个觉得自己已经很老了，不能再做什么事情，要在家里颐养天年，混吃等死。而另一个老太太却不这么觉得，她觉得自己还年轻，以前因为忙于生计，有很多事情需要做，所以根本没有时间做自己想做的事情，而现在她已经退休了，有大量的时间可以做自己喜欢做、想做的事情，她想到自己在很小的时候就喜欢爬山，为此她决定要学习登山。在学习登山的过程中，这位老太太登上了世界上八座有名的大山，但还没有爬过日本的富士山，为此她决定要对日本的富士山发起挑战。身边的人在知道她的这个疯狂想法之后，都劝说她不要盲目地挑战，也觉得这样的行为对于一个年过七旬的老人来说太过于冒险，但是老太太没有打消这个想法，而是继续努力练习，准备向着富士山进发。

在学习登山之后，老太太几次对富士山发起挑战，但是都因为各种各样的原因而失败了，就在大家都劝说老太太不要固执，要学会放弃不切实际的梦想时，老太太居然在95岁高龄的时候成功登顶富士山，这是有史以来第一个以如此高龄登上富士山的老人，这是生命的奇迹，也是人类的骄傲。这位老太太，就是大名鼎鼎的胡达·克鲁斯老太太。她在年逾古稀之后才开始学习登山，因为在坚持梦想的道路上从不放弃，所以才能创造生命的奇迹。

人人都想成功，都想在成功的历程中出类拔萃，卓尔不群，都想让自己的一生轰轰烈烈。然而，太多的人都败给了时间，他们还没有真正去做，就因为觉得自己老了、时间晚了，而选择放弃。不得不说，这样的放弃之下，他们也许可以暂时避免失败，也会因为逃避而让自己过着更加安逸的生活，但是在不断拖延的过程中，他们最终会失去在人生之中不断努力进取的机会，也会因此而迷失在生命的历程中。

对于梦想而言，何时开始都不算晚，我们一定要努力进取，在生命的道路上不断地前进，才能更加追求生命的卓越，也才能在拼搏的过程中，让自己有更加明媚的未来。需要注意的是，时光从来不会倒流，每个人对于生命都只有一次机会，要让自己勇敢地向着太阳努力奔跑，唯有如此，才能在人生之中有更加强大的表现，也才能在人生的道路上有更加开阔的天地。固然，要想逃避，我们可以轻轻松松就找到各种各样的理由，但是这并不是我们在人生中畏缩的借口。越是人生艰难，越是实现梦想的道路充满崎岖坎坷，我们越是要全力以赴奔向人生的目标，越是要无所畏惧在人生的道路上崛起，在人生的未来中收获更多的美好与成功。

不要犯南辕北辙的错误

说起时间，很多人都很珍惜，为此他们一头扎入人生之中，开始迫不及待地努力。而从来不去想一想人生究竟应该如何面对，才会有更好的收获和更多的成功。尤其是在努力之前，有一件重要的事情一定要去做，那就是确定梦想，确定人生的方向，而不要犯南辕北辙的错误。遗憾的是，偏偏有人在人生之中总是迫不及待，着急忙慌得连方向都来不及确定，就开始努力。殊不知，一旦犯了南辕北辙的错误，努力非但不会起到预期的效果，而且还会事与愿违，导致我们在人生中犯下各种致命的错误。为此，我们一定要先确立梦想，确定方向，然后再开足马力奋发向前。

当然，人并非生而就知道方向，很多人随着不断的成长，才发现自己的方向是错误的，在这种情况下，就要及时纠正方向，认清楚人生最终的目标，也知道自己在人生之中要达到怎样的目的地，从而保证坚持正确的方向。而且，随着人生的不断发展和向前，方向也会与时俱进发生改变，每当这时，我们还要避免固守方向，要从自身的实际情况出发，努力地调整人生的状态，根据现实的情况及时调整自我，让自己在更加坚持和努力的过程中向着梦想越来越近。

每个人都是独立的生命个体，每个人对于人生的憧憬和渴望都是不同的。有人希望人生岁月静好，现世安稳，有人想要在人生中不停地折腾和努力，从而改变现状。这样的人生理想都是正常的，无可厚非，最重要的在于我们要认清自己的心，知道自己想要收获怎样的人生，这样才能确定正确的方向，也才能让自己在人生的道路上始终坚定不移地前行，始终勇往直前地进步。否则，在南辕北辙的情况下，有再多的有利条件也无法让人生获得从容的成长和进步，反而导致事与愿违。

很久以前，有个年轻人特别聪明，而且他很清楚自己很聪明，为此渐渐地变得骄傲和志得意满起来。他不愿意脚踏实地地学习和工作，总是坚持搞科研，因为他希望自己有朝一日能够发现惊世骇俗的事情，从而一夜成名，一蹴而就获得成功。为此，他研究的时候也从来不走寻常路，总是独辟蹊径，专门找没有人研究过的冷门进行研究。日久天长，年轻人未免有些走火入魔，不管做什么事情都无法静下心来，总是盲目乐观。

有一天，年轻人在看科学杂志的时候，无意间发现有一则广告上说如今已经发现了能够把清水变成汽油的方法。这个广告色彩鲜艳，形象生动，而且把清水变成汽油的方法介绍得很详细，还留下了购买相关设备的地址。年轻人不由得怦然心动，他马上激动地按照地址写信且汇款过去，接下来就开始盼望着收到发财致富的好器材。收到实验器材之后，年轻人开始大门不出、二门不迈，每天都留在家里埋头进行科学实验，研究如何才能把清水变成汽油。为了避免被打扰，他还关闭了手机，拔掉了电话线，把家里的门铃电池也抠下来，彻底让自己与世隔绝。他废寝忘食，每天都花大量的时间进行实验，有一天，一个朋友来家里看望他，好不容易才敲开门，却看到年轻人形容枯槁，简直就像个魔鬼。朋友劝说年轻人不要再怀有不切实际的幻想，而且把石油产生的原理详细讲述给年轻人听，但是年轻人根本听不进去。终于有一天，年轻人花光了所有的积蓄，债台高筑，朋友拿着报纸上揭穿清水变汽油骗术的文章给年轻人看，年轻人受不了这样的打击，居然神情恍惚，精神失常了。

在这个事例中，年轻人之所以会被完全没有事实根据的事情所蒙蔽，并且全身心投入其中，执迷不悟，是因为他人生的方向是错误的。他只想着要出人头地，却不愿意脚踏实地地努力，而梦想着一夜成名，一蹴而就获得成功，为此才会在人生的道路上偏离正规的轨道，让自己变得越来越被动，越来越无奈。在这样的情况下，他不但不会有任何成就，反而让自己如同着了魔一般做不切实际的事情，导致人生陷入困境，也使得未来变得迷惘。

每个人要想在人生之中有所成就，要想获得自己想要的结果，就一定要先树立正确的梦想，也坚持正确的人生方向，唯有如此，才能在方向的指引下不断地努力进取，才能在人生的道路上始终坚持向前。否则，总是不小心迷失在人生之中，导致生命的历程偏离正常轨道，人生一定会变得越来越被动和无奈。记住，这个世界上从未有一蹴而就的成功，也没有免费的午餐，更不可能有天上掉馅饼的事情，既然如此，我们与其为了那些不切实际的梦想而浪费宝贵的时间，还不如脚踏实地做好自己该做的事情，让自己在点点滴滴积累的过程中，变得更加努力，也一步一步地走向成功。

任何时候，方向都比努力更加重要。只有在确定正确方向的基础上，努力才能起到事半功倍的效果。而如果选择了错误的方向，则人生就会变得迷惘和无奈，也会因此而事倍功半，效率低下。你，确定自己选择的人生方向是正确的吗？如果不确定，就要停下匆忙的脚步，确定之后再走也不迟。因为如果方向错误，你就会距离自己的人生目标越来越远，最终只会事与愿违。只有方向正确，你才能距离自己的人生目标越走越近，也才能在不断努力的过程中，最终实现自己的人生梦想，获得梦寐以求的、充实精彩的人生！

认识自己，才能成就自己

作为古希腊大名鼎鼎的哲学家，苏格拉底曾经被问到一个问题：“在这个世界上，什么事情是最难的？”对此，苏格拉底几乎毫不迟疑地回答："认识自己。"寥寥四个字，告诉我们认识自己的重要性，也让我们意识到一个人要想主宰命运，把控人生，当务之急就是要认识自己。古人云，人贵有自知之明，说的也是这个道理。为何认识自己这么重要呢？当一个人把自己看得过高，对于自我批评也远超过自己的实际能力所能达到的高度时，他就会眼高手低，也会变得狂妄自大和骄傲自满。反之，当一个人把自己看得很低，总是自轻自贱，妄自菲薄时，他就会常常否定自己，觉得自己什么事情都做不成，也因此陷入被动的局面之中无法自拔，常常会迷失自我，甚至会因为人生的很多事情而导致自己内心仓皇，无所依靠。而一个能够客观公正地认知和评价自己的人，他们知道金无足赤，人无完人，也知道自己既有优点，也有缺点，为此他们可以适度评价自己，也激励自己在成长的道路上不断努力进取，最终获得成功。由此可见，要想拥有成功的人生，要想在成功的道路上始终坚持进取，绝不畏缩和退却，我们就一定要理性认知和客观评价自己，这样才能有的放矢发挥自己的所长，弥补自己的短处，才能够在人生的道路上不忘初心，砥砺前行。

卡夫卡从小出生在一个商人家庭里，他的父母都是犹太人，他的父亲一直经商，非常精明强干。然而，卡夫卡的性格和父亲截然不同，他既不像父亲那样精明，也不像父亲那样性格开朗，爱说爱笑。相反，他性格内向，沉默寡言，时常躲在角落里默不作声，做着自己的事情。为此，父亲不止一次批评他："你怎么这么娘们唧唧的，不像个男子汉呢？看看别的男孩子，他们那么活泼，浑身充满力量，而且还能言善辩，简直是天生的演讲家！"在父亲心里，只有这样的男孩才是真正的男子汉，才是值得他骄傲的。为了逼着卡夫卡走出家门和其他男孩子打成一片，渐渐地改变沉默内向的性格，父亲甚至挥舞着皮鞭把卡夫卡从家里赶出去。但是，卡夫卡只想做自己。有的时候被父亲逼得无奈，他也尝试着想要改变，但是最终的结果告诉他，他根本不可能改变。他的内心胆小怯懦，无法做到谈笑风生地和别人聊天，他也不想融入人群中，说那些无聊的话，做那些无聊的事情。由于父亲总是不择手段要求他走出去，他对于外部世界反而更加恐惧。为了躲避父亲的打骂，他的心灵变得更加敏感脆弱，而且学会了察言观色。他时常感到痛苦，但是他常常选择忍耐和逃避，选择默默地承受。在这样的环境中，他不断地成长，也渐渐习惯了自己的性格，不想再做出改变。这个时候，父亲已经对他完全放弃希望，哪怕他从来不出门，父亲也不再管他。

卡夫卡当然觉得痛苦，但是他并没有像父亲所担心的那样无法在社会上生存和立足。他学习成绩很好，不但顺利考入大学，而且还获得了博士学位。因为内心长久以来都很敏感，他看世界的眼光比普通人更加深刻和敏锐。后来，他成了一名作家，创作出了很多优秀的作品，诸如《变形记》等作品被翻译成很多国家的语言，走向了世界。他还开创了现代派文学，也以此奠定了自己作为世界级文学大师的基础。想必父亲在看到卡夫卡做出的这些伟大成就时，一定会感到非常震惊，也想不到那个胆小怯懦的男孩如何成为举世闻名的文学家呢！

每个人都有自己的优势和长处，例如台湾漫画家朱德庸从小就很不擅长语文的学习，而对于图形非常敏感，而很多文学家也都不擅长数学学习，甚至他们之中不乏有人的数学成绩为零，但是这不妨碍他们成为伟大的国学大师或者才华横溢的文学家。每个人的天赋都是不同的，大多数人也许在天赋方面相差无几，但是有些天赋异禀的人，就会在某个方面特别出类拔萃，而在其他的方面则表现平平。为此，我们要理性认知自己，知道自己擅长哪些方面，不擅长哪些方面，扬长避短，取长补短，让自己发展核心竞争力，成为特定领域中不可取代的人，这才是最重要的。

在这个世界上，命运并非是我们人生的主宰，每个人都是自己的上帝，都是自己的神，最终人生将会以怎样的面貌呈现，不是取决于命运，而是取决于我们自身。我们要像李白一样坚信“天生我材必有用”，要努力发掘自己的天赋和特长，让自己获得长足的发展。不要因为自己在某些方面表现平平，就因此而否定自己，要相信自己一定有独到之处，也一定会在人生中的很多方面做出更好的成就和更伟大的发展。要相信相信的力量，要相信自己，这样我们才能激发自身的所有潜能，在成长的道路上事半功倍，努力向前。

人生总是有很多缺憾

有一个圆不小心遗失了自己的一部分，为此，它不再是一个完整的圆。它想让自己变得完整，一直在坚持寻找自己丢失的那部分，它努力地滚动，走过世界上的很多地方，因为缺失，它滚动得不快，为此也就有机会看到更多的风景。它找啊找啊，功夫不负有心人，终于有一天，它他找到了自己遗失的那部分，为此它高兴地把那部分收回来，让自己变成了一个真正的圆。但是，就在变得完整的那一刻，它突然快速滚动起来，滚动得比以往任何时候都更快，最终它无法控制自己的速度，一头撞到墙壁上，把自己撞击得变了形。圆伤心极了："为何我苦苦寻觅，好不容易让自己变得完整，却落得这样的下场呢？"圆不知道，正是因为它太圆了，才会在道路上疾驰。它好不容易爬起来，发现自己又失去了那一部分，但是它恢复了一直以来习惯的速度，又可以悠闲地看风景，变得越来越快乐。

人生总是有很多缺憾的，就像这个圆一样，很难变得完整，而等到真正变得完整时，又未免因为极度的喜悦而导致自己失去对于速度的控制，开始飞快奔跑，最终摔得鼻青脸肿，头破血流，非常苦恼和无奈。我们发现，原来真正完美的人生就是有缺陷的人生，正是缺憾让人生变得更加真实，也正是缺憾让人生变得更加美好和完整。

现实生活中，很多人也如同这个残缺的圆一样，为了让自己变得完整，始终在四处寻找缺失的另一半，甚至因此而感到自卑，觉得自己是不完整的。常言道，金无足赤，人无完人，在这个世界上，根本没有绝对的完美存在。我们要学会接纳自己，悦纳自己，怀着愉悦的心情度过属于自己的人生，创造属于自己的美好，而不要总是沉浸在遗憾和失望的情绪中，否则就连此刻握在手中的幸福都不可能实现。

很多人不能接受缺憾，是因为内心还很稚嫩，对于人生有着不切实际的幻想和过度的苛求。随着不断的成长，经历的事情越来越多，我们最终会认识到人生中不如意是常态，任何事情都不可能完美。我们一定要调整好心态，正确对待缺憾，才能转化思路，才能让自己以自信和美好的状态呈现出来。

海伦刚刚出生的时候，是一个非常活泼、健康的婴儿，她是父母的第一个孩子，给父母带来了无限的希望。然而，在十九个月的时候，海伦患上了严重的猩红热，高烧不退，就在父母以为海伦也许没有活路的时候，她却坚强地熬过疾病的折磨，醒了过来。但海伦失去了视力和听力，生活在无声无光的世界里。一开始，年幼的海伦并没有意识到自己和他人有什么不同，随着渐渐长大，她才意识到自己与他人的区别，为此，她变得很狂躁，常常发脾气，摔东西。父母意识到海伦长大了，为海伦请来一名家庭教师——莎莉文。莎莉文老师的到来，改变了海伦的世界。莎莉文老师也有过险些失明的经历，为此她特别能够理解海伦的感受，也尽心尽力、耐心细致地教授海伦知识，还想方设法让海伦认识到生活中的一切。渐渐地，海伦心中的眼睛获得了光明，她可以看盲人的书籍，世界也以黑白的方式在她面前展开。

在莎莉文老师的帮助下，海伦不但学习了大量的知识，而且渐渐接受了自己不同于常人的事实。她没有气馁，而是非常坚强，以各种方式坚持学习。最终，海伦不但学完了大学的课程，而且还成为一名作家、演讲家。海伦总是给人们讲述她的经历，激励人们一定要热爱生活，珍惜生命。海伦还写作了《假如给我三天光明》，正是这本书，激励了无数的世人们要在生命的历程中排除万难，勇敢无畏地拥抱生活。可以说，海伦虽然自己失明，但是她却给全世界的人都带来了光明。

海伦的一生是精彩的一生，她在接受采访的时候曾经说过，如果她不是个盲人，或许不会有这样辉煌的成就；如果她是个普通的健康女孩，那么她的人生也许会和大多数女孩一样按部就班地进行，不会这么奇妙和瑰丽。的确如此，是残酷的命运锤炼了海伦，也是残酷的命运成就了海伦。在人生的道路上，我们每时每刻都要坚持努力进取，这样才能不辜负人生的好时光，也才能在成长的过程中，激发自身的所有力量，创造生命的奇迹。

在喜剧舞台上，很多演员都会把自己的短处暴露在舞台上，从而赢得观众的笑声。这样的演员内心很强大，他们知道自己不会因为短处而失去观众的喜爱，丢失自己的魅力，反而会因为自暴短处而赢得更多观众的认可和尊重，也会增加个人的魅力。作为普通人，我们也需要活好自己的人生，要坦然接受和悦纳自己的一切，不管是优点还是缺点，这些都是命运赐予我们的，也都是人生的最好安排。任何时候，我们都不要排斥和抗拒自己，更不要与人生较劲。唯有以从容的姿态面对人生，我们才能在生命的历程中不断地崛起，真正成就伟大的自己，让自己拥有充实美好、了不起的人生！

第08章 你荒废的时间，会有多少人用来拼命

这个世界上，只有时间对于每个人是绝对公平的，在生命的历程中，我们一定要珍惜时间，才能把握生命的脉搏，生活得更加充实和精彩。古今中外，每一个成功者都是能够抓住时间的人，正是因为他们在生命的历程中争分夺秒，所以才能做出别人所没有的成就，也才能让人生绽放出异样的光彩。

当生命的时光悄然流逝

“门前老树长新芽，院里枯木又开花，半生存了好多话，藏进了满头白发；记忆中的小脚丫，肉嘟嘟的小嘴巴，一生把爱交给他，只为那一声爸妈；时间都去哪儿了，还没好好感受年轻就老了，生儿养女一辈子，满脑子都是孩子哭了笑了；时间都去哪儿了，还没好好看看你的眼睛就花了，柴米油盐一辈子，转眼就只剩下满脸的皱纹了……”前些年，一首《时间都去哪儿了》，唱红了祖国的大江南北，无数人听到这首歌都红了眼眶，被触动了心中最柔软的地方。的确，没有人能敌得过岁月的魔爪，在生命的历程中，每个人都在重复着相似的人生，从出生时的四条腿，到青壮年时的两条腿，再到年迈时的弯腰驼背三条腿，生命就在时光的流逝中悄然远去，一去不返。

时间都去哪儿了，这个问题我们必须自己回答出来。在漫长而短暂的人生中，如果不能争分夺秒利用时间，如果总是对于时间的去向感到迷惘和困惑，也就意味着我们并没有认真度过这一生，更不曾与时光赛跑过。古往今来，那些真正成功的人，无一不是和时光赛跑的人，无一不是在生命历程中争分夺秒珍惜时间的人。因为抓住了时间，因为和时间赛跑，所以他们总是在生命的历程中不断地崛起，也总是能够赶超时间，不断向前。这样的生命历程才是更有效率的，也才会获得更多的收获。

很多人都说，生命是一场没有归途的旅程，没有人知道生命的目的地在哪里，也没有人知道生命的终点在何方。既然如此，我们最该做的不是揣测生命，而是拓宽生命的宽度。在长度未知或者固定的情况下，增大面积的唯一方式就是拓宽。这是几何方面的题目，也是人生的题目。回答好这个问题，我们才能在成长的过程中不断地努力崛起，有的放矢地进步，无所畏惧地前行。

时间都去哪儿了？没有人有用不完的时间，也没有人在生命的历程中会不断地崛起，持续地进步。在生命历程中，每个人每一点每一滴的进步，都需要我们去坚持做，坚持得到。否则，时间的流逝不但会带走我们的青春年华，也会带走我们在人生中的理想和梦想。

作为一家广告公司的客户经理，刘丹每天都有无数的事情要处理，无数的工作要做好。为此，她一直在忙，自从大学毕业开始工作这三年的时间里，刘丹只回家过两次，一次是春节，另一次是爸爸妈妈一起过六十大寿，她作为唯一的女儿当然要到场。

眼看着又是一年春节到，妈妈打电话问刘丹："丹丹，春节回家来吗？"刘丹不假思索地说："不回家，要加班，有大客户必须搞定。我会给你和爸爸寄礼物的。"妈妈的话音充满了失落："爸爸说都快想不起来你的模样了。"刘丹感觉到妈妈的失落，对妈妈说："妈妈，怎么会呢，我是你们的女儿啊！"妈妈吞吞吐吐，欲言又止："但是过年了，别人家的孩子都回家了，你刘叔家的孩子在美国，都已经买好回家的机票了。要不，我和爸爸去找你一起过年吧，要不在家里，亲戚朋友总问你为什么没有回家。"刘丹心中凛然一动："妈妈，我会回家的，你放心吧！我坐飞机回去，火车票现在不好买了，坐飞机还更快一些！"电话里马上传出妈妈银铃一般的笑声："好的，好的，我和爸爸这就去买年货。"刘丹忍不住鼻子发酸，眼泪流了出来。

在这个事例中，刘丹一开始显然弄错了一件事情，那就是她以为给爸爸妈妈寄回去礼物，就可以弥补爸爸妈妈对她不回家过年的遗憾。实际上，父母最希望得到的是孩子的陪伴，而不是孩子的金钱、物质等方式的弥补。如今正值隆冬，又是一年到头，春节即将到来。有多少年轻人因为工作忙、火车票不好买、飞机票太贵，而打消回家的念头呢？在打消回家过年的念头之前，先不要着急，静下心来想一想：我有几个春节没回家了？父母最想从我这里得到的是什么呢？中国是一个讲究传统风俗的国家，父母与孩子之间的相处也沿袭着传统的方式，希望能够获得更多的团圆。每逢佳节倍思亲，这绝不是一句空传下来的古话，而是承载着亲人之间最深厚的感情。作为孩子，不管工作多么忙，也不要在万家团圆的日子里让父母变成空巢老人，而要给予父母更多的陪伴和照顾，这才是孝敬父母的最好方式。

平日里，我们常常说光阴似箭，实际上对于老人而言，这样的光阴似箭是更加让人无奈的。树欲静而风不止，子欲养而亲不待，即使为了抽出更多的时间陪伴父母，我们也要争分夺秒努力奋斗，这样才能带着成就和骄傲，回到家里安安心心地陪伴父母过个年！

把每一天都活成最后一天

曾经，玛雅人说2012年就是世界末日到来的日子，这个预言着实让很多人都非常惊慌，也很无奈。如今，时光已经过去8年了，而心头的恐惧犹在，可想而知时光过得多么快。人类并没有从这个地球上消失，世界末日也没有如约到来，如果告诉你“要把每一天都活成最后一天”，你会作何反应呢？你一定会非常困惑：世界末日的谣言已经破了，难道又出来新的谣言了吗？当然没有。这里所说的，把生命中的每一天都当成最后一天去过，实际上是为了让我们珍惜生命的宝贵时光，抓紧时间做自己想做且应该去做的事情，这样才能在生命戛然而止的时候无怨无悔，也才能在人生中面临各种突如其来打击的时候，因为做好了充分的准备，而不至于手足无措。

假如今天就是你生命中的最后一天，你会选择做什么？有的人要去狂欢，有的人要去做一直想做而不敢做的事情，有的人要向心爱的女孩告白，有的人要和最爱的孩子紧紧地拥抱在一起……写到这里，脑海中突然呈现出电影《泰坦尼克号》中的画面，在画面中，既有惊慌失措四处逃生的人，也有相互依偎着等待死神降临的母子、老年夫妻……他们大概知道自己逃不掉这个劫难，所以选择坦然接受。他们的脸上没有恐慌，而是非常安静祥和，甚至带着微微的笑容。这样的画面美极了，他们一定无怨无悔，因为他们这一生拥有爱，也付出爱，而且还可以和自己最挚爱的人永远在一起，度过生命中最后的时光。当然，这是无奈的选择，如果可以好好地活着，谁又愿意死去呢？所以我们要坦然面对人生的最后一天，不是为了死去，而是为了更好地活着，充实从容，无所畏惧。

假如今天就是生命中的最后一天，我会怎么做呢？一定是和所爱的人在一起相依相伴，不会轻易放弃，不会轻易惊慌，而是一起做我们喜欢做的、想做的事情，这样才能安静祥和地离开。不要再和父母吵架，父母想让我们多穿些衣服，那就多穿一些吧；不要再批评孩子，孩子想多玩一会儿，就让孩子多玩一会儿；不要误解爱人，人生相伴而行不容易，能够彼此包容和理解就是夫妻之间最高的境界……抱着一颗宽容的心原谅一切，怀着一颗豁达的心做好一切，不因为生命转瞬即逝就放弃，哪怕还有一天可以活，也要活得精彩，活得兴致盎然。

然而，这只是设想而已，当生命真的只剩下最后一天，我们一定会突然发现原来生命中有那么多遗憾需要弥补，有那么多需要做的事情让我们着急。为了避免这样的情况出现，我们现在要做的就是活好人生的每一天，这样不管生命在何时戛然而止，我们都可以做到无怨无悔，无惧无怕。

此时此刻，你在做什么呢？如果你和父母在同一个地方生活，那么就赶紧去看望父母吧；如果你独自一人在大城市打拼，那么就赶紧打个电话回家问候下父母，了解父母的身体状况吧。也可以向父母汇报我们孤身在外的情况，父母是这个世界上最爱我们的人，也是最牵挂我们的人。不要对父母报喜不报忧，因为哪怕我们把独自在外的日子说得再好，父母也总是会揣测我们的辛苦，既然如此，还不如告诉他们真实的情况，让他们知道我们是怎样生活的，也减少了他们的忧虑。

珍惜生命的宝贵时光，不但表现在争分夺秒生活方面，而且还要能够爱惜身体。有很多年轻人都是工作狂，为了工作顾不上休息，甚至连按时吃好一日三餐都不能做到。也有的年轻人仗着年轻就是资本，总是点灯熬油，从来不按时按点睡觉。近些年来，常常有中年人猝死的事件发生，为每一个人都敲响了警钟。人生，要坚持可持续发展，把每一天当成最后一天去珍惜着过，而不要把每一天都当成最后一天去肆无忌惮地拼命。人生中一切的事情，都要在以生命为基础的前提下才能有意义。人生固然漫长，只要把每一天都活好，就相当于活出了独属于自己的精彩人生，就相当于真正把握了人生。为此，不要懈怠，要以认真的态度活出人生最美好的姿态！

遵守时间，才能赢得尊重

一直以来，人们遵守时间的意识都很淡薄，总觉得早几分钟到或者晚几分钟到，并没有太大的关系。然而，近些年来，随着社会的进步和发展，国门打开，我们在生活和工作的过程中，常常有机会接触国际友人，为此遵守时间也就变得越来越重要。尤其是德国人，他们时间观念非常强。其实，德国人这样的态度是正确的，因为时间是生命的载体，只有在拥有时间的情况下，生命才能延续，人生中的梦想和理想也才能得以实现。

现代社会，人际关系被提升到前所未有的高度，很多人都把人脉资源视为最重要的社会资源之一。在这种情况下，当然要遵守时间，才能表示对他人的尊重，也才能赢得他人的尊重。如果总是在时间方面浑浑噩噩，则会导致人际关系恶劣，也会导致自己在做很多事情的时候都非常被动和无奈。

在如今的职场上，遵守时间也是一个基本要求。试想，一个大学生在去面试的时候，如果不能做到遵守时间，因为各种原因迟到，那么就会给面试官留下非常糟糕的印象。实际上，职场上很多时候都只看结果，而不由得解释原因。也许作为迟到者，你会解释是因为路上遇到了堵车，或者地铁出现了故障，甚至你所搭乘的出租车与其他汽车发生了剐蹭。但是面试官不会听这些理由，因为这些情况都应该被你预先考虑到，从而在赶去面试之前就把可能出现意外而耽误的时间预留出来，这样才能保证按时到达。除非出现美国好莱坞大片上那样不可预期的糟糕情况，例如地面塌陷，陨石撞地球等，所以不要再为迟到找任何理由，你最重要的就是当机立断进行道歉，而且要很诚挚地道歉。虽然这样做也不能弥补后果，但是至少可以表现出你真诚的态度，也许还能挽回一些给他人留下的恶劣印象。

德国大名鼎鼎的哲学家康德是一个特别守时的人。1789年，康德准备去珀芬小镇拜访一位朋友，为此他提前写信告诉朋友威廉：我将在3月5日上午11点之前到达你的农场。威廉当然欢迎康德的到来，当即回信给康德，说自己已经做好准备迎接康德。

因为居住的地方距离珀芬小镇有一段距离，康德在3月4日就提前到达珀芬小镇。他并不想提前一天去打扰老朋友，为此他在小镇上住了一个晚上，并且打听好到达威廉的农庄需要多长时间。在次日早晨，他留出足够的路上时间，就正式出发了。为了避免路上耽搁时间，他还专门雇用了一辆马车，赶往农庄。然而，在半路上的时候，康德遇到了一条河。河上的小桥坏了，马车夫提出绕路，康德看着时间很快就要到了，内心很着急。他居然买下了附近的一座破旧房屋，给了房屋主人不菲的价格，而只要求房屋主人从房屋上拆下木梁，并且把桥修好，房屋还是留给主人继续使用。主人去哪里找这样的好事情呢，他当即答应了康德的请求，马上和儿子一起把小桥修好。正是因为如此，康德才能按时到达威廉家，他赶到的时候，威廉正站在农庄门口朝着他来的方向翘首期盼呢！康德和威廉的聚会非常愉快，而康德始终没有向威廉提起修桥的事情。直到康德告辞之后很长时间，威廉才从房屋的主人那里得知事情的始末，威廉马上给康德写信："晚一些到来也没有关系，是桥坏了，根本不怪你，你却不愿意绕路，而花费那么多钱把桥修好。"康德给威廉回信说："任何情况下都要遵守时间，哪怕等待着我的是你这样的老朋友。"

康德是一个特别守时的人，所以哪怕是面对老朋友的等待，哪怕知道只要绕行一段距离就不需要花费那么大的代价修桥，康德却愿意付出更大的代价来遵守时间，这是他对于人生的态度，也是他对于守时这件事情的坚持和原则。正因为如此，康德才能赢得朋友的尊重，也才能获得好人缘。

在现代社会中生活，不管何时，我们都要遵守时间。例如在职场上，每天上班下班，和客户约好要见面，或者要和同事进行会谈，都要遵守时间。如果是参加正式的社交场合，除了要遵守时间之外，还要特别讲究礼仪，例如参加大型宴会要穿着礼服，参加朋友的婚礼也要正式着装。大文豪鲁迅先生曾经说过，时间是组成生命的材料，浪费别人的时间就等于谋财害命。鲁迅先生也说过，世界上哪里有天才，我只是把别人喝咖啡的时间用于写作而已。不管是与人相处，还是做好自己，都要珍惜时间，这样才能更加把握生命，提升对于生命的利用效率。从某种意义上而言，遵守时间也是诚实守信的表现，一个人不管在什么情况下做出的承诺，都应该努力兑现，这样才能让自己得到他人的认可和尊重，也是对自己的人生负责的表现。

生活如同逆水行舟，不进则退

很多珍惜时间的人总是说，时间从来不会等着任何人，想要做的事情一定要抓紧去做，否则就没有时间再去做，也有可能失去原本拥有的机会，导致自己变得非常被动。时间对于每个人都是很公平的，从来不会因为任何人而驻足，也不会因为任何人而加快速度。为此，在生命的历程中，不管我们是感到非常喜悦，还是感到十分忧愁，时间都会一分一秒滴滴答答地向前，而节奏不会有任何改变。我们只能主动珍惜时间，而不能奢望时间会照顾我们，会给我们特殊的对待。

很多朋友都喜欢看《西游记》。《西游记》作为中国的四大名著之一，宣扬的是邪不压正的思想，每当那些妖魔鬼怪抓到唐僧，想要吃唐僧肉以求长生不老的时候，作者总是独具匠心，让那些大王们常常会不着急吃唐僧肉，这样一来，就给了孙悟空更多的时间去拯救唐僧。即便是在孙悟空不在场的情况下，也给了猪八戒或者沙和尚更多的时间去求救。不得不说，要是那些妖魔鬼怪都是急性子，在抓到唐僧之后就囫囵吞枣一口吃掉唐僧，那么唐僧就真的没有活命的机会了。人们常说，好事多磨，这并不是故意拖延，而是因为在做很多事情的时候，总是会出现这样或者那样的情况，所以即便想要抓紧时间努力推进，也未必能够做到。真正明智的人都明白一个道理，那就是我们可以停下脚步，在人生的道路上止步不前，但是时间却不会停下来等着我们，等待着我们的是落后，是无奈和懊丧。

大学毕业后，气质和形象俱佳且很有才华的倩倩，如愿以偿应聘成为一家公司老总的助理。同学们都很羡慕倩倩，纷纷说倩倩运气好，而且爹妈也很会生，把倩倩生得亭亭玉立，楚楚动人，所以才会成为形象工程的代言人。对此，倩倩只是默不作声地笑一笑，她很清楚自己是凭着什么成为老总助理的。原来，倩倩是个很有才华的女孩，很擅长写作，笔杆子很硬，这给倩倩成功竞聘助理加了很多分。

然而，倩倩也有个致命的缺点，那就是懒惰，从小不管做什么事情她都很爱拖延。在刚刚成为助理的时候，她很珍惜这份工作，为此一直战战兢兢，努力把工作做到最好。随着工作的时间越来越长，倩倩的工作也让老总很满意，为此倩倩有些懈怠了。有一天，老总通知倩倩：“准备下去美国谈判的资料，一周之后启程去美国。”听说要去美国，倩倩兴奋不已，下班之后当即和朋友们一起庆祝，因为倩倩还没有出过国呢！对于老总需要的资料，倩倩想着晚几天整理也没关系，为此，就犯了拖延的老毛病。这一拖，就是三天。没想到，就在第三天下班的时候，老总对倩倩说：“明天上班带着行李，带着护照，机票已经订好了，十点出发。当然，最重要的是带着资料。”倩倩这才慌了神，结结巴巴地问：“不是下周才出差吗？”老总说：“计划有变。你的资料准备好了吧，按照你的速度，应该是已经准备好了！”倩倩不敢回答没有，只好一声不吭地点头。当天晚上，她彻夜加班，但是资料很多，在次日到了上飞机的时间时，她才准备了三分之一。倩倩还抱着侥幸心理：“在飞机上我也可以工作，到了的那天晚上我还可以继续加班，应该能完成。”没想到，才上飞机，老总就对倩倩说：“把资料给我看吧，这样可以节省时间，明天就要谈判了！”倩倩眼见着纸包不住火，对老总说：“对不起，老总，我以为下周才出差，资料还没准备完。不过你放心，我现在就继续准备，今晚也不睡觉，一定在明天上午交给您！”老总看着倩倩，什么话都没说。

因为倩倩的资料交得太晚，导致老总没有时间熟悉资料，为此，老总和客户谈判的效果不太好。当时，老总虽然没有批评倩倩，但是从美国回来之后，老总再也不像以前那么器重倩倩。以后再有重要的工作任务，老总总是交给另外一个助理，那个助理非常沉稳，对于老总交代的工作总能在第一时间完成。

在这个事例中，倩倩从老总面前的红人，到被老总忽视和冷落，与她自己对工作不够积极的态度密切相关。得知要和老总去美国之后，她虽然很兴奋，也很愿意去美国，却没有把工作做在前面，而是不断地拖延，导致老总临时要出差的时候，她的工作还没有做好。不得不说，这对于老总而言的确是很难以忍受的，为此老总才会对倩倩另眼相待。

拖延，不但会导致我们做很多事情失去最佳的契机，而且会导致延误工作，甚至还会使我们失去在工作中好好表现的最佳时机。对于人生中的很多事情，我们一旦想好了，就要努力认真地去做，而不要总是因为沉迷于玩乐之中，不愿意当机立断去做，这会使事情变得越发被动和无奈，哪怕在意外发生的时候想要竭力去弥补，都无法做到更好。为此，一定要抓紧时间，因为时间就是生命，时间就是机会，时间就是成功更大的可能性。人在职场，我们必须具有认真慎重对待工作的态度，才能在职业生涯发展之中有更好的表现；人在生活的旅途，我们也必须更加认真慎重，才能全力以赴做好该做的事情，才能让一切朝着我们理想的方向去发展。否则，不断地拖延只会导致未来越来越糟糕，也会使一切变得更加无奈，这显然不是人生应该有的姿态，也不是人生中最好的呈现。

坚持一万小时，成就不一样的自己

在没有切实去做很多事情之前，你一定无法丈量自己和成功之间的距离，也不知道自己到底要如何去做，才能距离成功越来越近。然而，在畅销书《异数》一书中，作家麦尔坎·格拉维尔给出了回答，那就是所谓的天才只是平凡人坚持进行了一万小时的努力，经历了漫长的锤炼，才能从平凡普通变得超凡卓越。这就是努力的意义，也是有史以来人们为成功指出的第一条明道。不要质疑这个理论，只要你没有犯南辕北辙的错误，只要你真的坚持一万个小时，你就会惊喜地发现一个不一样的自己，你就会成就伟大的自己。由此，一万小时定律诞生，也成为很多人追求成功的法宝。

说起一万个小时，相信很多人心中都没有明确的概念。一万个小时到底是多久呢？如果坚持八小时工作制，每天八小时付出，那么一万个小时是三年多的时间，这是在一年三百六十五天全年无休的情况下。如果只算工作日，那么就是四年多的时间。如果每年三百六十五天每天坚持三个小时付出，那么就需要十年的时间。不得不说，一万小时听起来只有四个字，而真正想要做到，却需要漫长的时间，需要长久的坚持。为此，不要觉得一万个小时很容易达到，因为成功从来不是轻而易举获得的。在人生的道路上，我们必须更加辛苦和努力，才能通过点滴积累获得成功，也必须非常有毅力，才能排除万难，在很多情况下都努力进取，绝不疏忽和懈怠。这就是一万小时定律的神奇之处，也正是一万小时能够帮助我们成功的原理。

为了证明一万小时定律的可行性，匈牙利的一个心理学家对自己的三个女儿进行了实验。他的女儿们并没有表现出对于国际象棋的特别喜爱，但他让三个女儿从小就开始学习象棋，并且坚持了多年的时间。若干年后，他的女儿们在坚持学习象棋之后，成为著名的国际象棋大师，全都在国际象棋领域取得了了不起的成果。这三个姐妹，就是国际象棋界大名鼎鼎的波尔加三姐妹。这个事实告诉我们，即使在对于某一项事业不那么喜爱的情况下，只要坚持努力，只要坚持付出，也会取得丰硕的成果，当然前提是对于这项事业也不那么排斥和抗拒。这也给了我们深刻的启示，那就是作为年轻人，在职场上一定不要从事某一项工作很短的时间，就对工作三心二意，心怀抱怨，甚至不愿意继续去做。对于一项工作，如果不能坚持三五年的时间，是没有资格对着工作指手画脚，挑三拣四的。唯有坚持努力付出，才能最终知道自己是否适合这份工作，也才能知道自己在工作上是否有杰出的成果。由此可见，成功从来不是一蹴而就的，必须非常努力和坚持，才能积少成多，聚沙成塔，取得良好的结果和收获。否则，如果总是在成功的道路上犹豫不决，迟疑不定，则成功一定会渐渐地远离我们，也会最终抛弃我们，离我们而去。

正如人们常说的，一个人做一件惊天动地的好事并不难，难得是坚持做好事，做很多件好事，做一辈子好事。哪怕是一件微小的事情，只要坚持去做，也会取得良好的结果，我们要想奔向成功，最重要的就是坚持不懈地努力，就是全力以赴去做好。为此，我们要摒弃浮躁的心，耐下心来用心经营人生，脚踏实地去努力，这样才能全力以赴做到最好。

如今，是一个梦想泛滥的年代，每个人都有不止一个梦想，有的梦想非常远大。最重要的在于，不要为了梦想而梦想，梦想的终极意义在于实现。一个梦想如果不能实现，就会变成空想，就是毫无意义的。只有坚持和努力，在追求梦想的道路上排除万难，坚持不懈，才能距离梦想越来越近，也才能真正地实现梦想，走进梦想。记住，生命的历程是漫长而且艰难的。在人生的道路上，人人都想一夜成名，出类拔萃，但是如果没有十足的努力和长久的坚持，这样的梦想就是不可能实现的。当然，这里所说的一万个小时只是一个大概的时间，如果一个人在某些方面有特别的兴趣和特殊的天赋，也许只需要八九千个小时就可以初步成功，而如果一个人在某些方面表现平平，或者发展的过程中遇到坎坷障碍，那么就需要更加漫长的时间才能获得小小的成功，更需要长久的坚持才能获得更大的成功和更好的收获。这些都是因人而异的，因为事情发展的速度而有所不同。此外，能否在一万个小时后获得成功，还取决于我们如何度过这一万个小时。如果我们对于一万个小时总是漫不经心，是在以当一天和尚撞一天钟的敷衍态度面对人生，那么一万个小时就会效率很低，也就无法达到预期的效果。充实认真地度过一万个小时，比敷衍了事地度过两万个小时效果更好，为此我们要反思自己对于一万个小时的态度，这样才能更加坚持高效度过一万个小时，也才能在一万个小时之后获得更多的收获和理想的结果。

即使到了一万个小时还没有达到预期的成功，也不要着急，而要有足够的耐心理性面对。在人生的道路上，有很多事情都是我们所不能左右的，只要坚持努力，命运就会给我们回报，也会让我们的人生开花结果！

第09章 人生有多残酷，我们就该有多坚强

人生固然残酷，我们却要坚强。在生命的历程中，没有人代替我们坚强，为此不管面对命运怎样的对待，甚至是残酷的捉弄，我们都要足够坚强，挺直脊梁面对人生，这样才能在人生的道路上不断地进取，持续地进步，也才能在未来到来的时候，始终昂然面对，无所畏惧。

做人，不能一味当软柿子

在现实生活中，有些人非常悭吝，总是不愿意与身边的人友好相处，对人也怀着斤斤计较的心态。然而，也有些人与这样悭吝的人相反，他们待人友善，总是竭尽全力帮助他人。然而，这样的人真的好吗？尤其是在如今的社会里，一个人如果总是在面对他人的时候，不懂得拒绝，那么渐渐地他们对别人的好就会被当成是理所当然，甚至还会激发他人心中欺软怕硬的恶。做人，固然要助人为乐，要慷慨地帮助他人，却不能没有原则，没有底线，否则就会使自己陷入被动的状态，也会使自己面临糟糕的境遇。

遗憾的是，现实生活中有很多人都是这样的人，他们做人没有原则和底线，误以为只要自己对别人好，就能换来别人的好，其实这只是一厢情愿地想当然而已。常言道，人与人相处，两好才能换一个好，为此我们对别人好也是要有原则的。这样一来，我们才能合理维护自身的利益，也才能有原则地与别人交往，获得更多的收获。

作为办公室里的新人，陈燕很想与同事们搞好关系，为此她总是抢着做很多工作，也常常早早来到办公室，为同事们打好热水，帮助同事们把办公桌擦拭得干干净净。一开始，同事们都很感谢陈燕，但是后来，大家都对此习以为常，有的时候陈燕来得晚一些，没有提前做好这些事情，大家还会觉得很不适应，质问今天为何没人打扫卫生。

在工作上，陈燕因为是新人，一开始没有那么重的工作任务，为此总是主动帮助其他同事分担工作。有的时候，极个别同事因为有事情着急下班，也会把工作交代给陈燕帮忙完成。然而，随着工作时间越来越长，陈燕的工作量也增大了，为此她有很多的分内之事需要完成。但是同事们习惯了有事情就找陈燕，这不眼看着到了下班的时间，陈燕自己的工作还没有完成呢，有个同事大姐说家里来亲戚了，把一摞文件放在陈燕桌子上，说："燕子，帮我检查一下这些文件里的数据，我着急走，谢谢！"陈燕有些为难，冲着同事大姐的背影喊道："张姐，今天我也有很多工作需要加班，恐怕不能帮你！"同事大姐头也没回，直接走了，假装没有听到陈燕的话，陈燕有些生气，但是对此无可奈何。当天晚上，陈燕加班到很晚。后来，陈燕决定再也不无缘无故帮忙，而拒绝却是很难开口的事情，也很有可能因此而得罪人。再有人找陈燕帮忙的时候，陈燕总是狠下心来说："对不起，我下班之后有事情，不能帮你。"就这样，原本在办公室里口碑很好的陈燕，一时之间被大家嫌弃，同事们甚至都不愿意和她说话，还常常对她翻白眼。这种情况一直持续到同事们习惯了自己的事情自己做，再也没有免费的劳动力可以用，才有所好转。

在这个事例中，陈燕之所以会被大家嫌弃，是因为她一开始把事情做得太好，成为不折不扣人人都想使唤的老好人。正因为如此，大家才会渐渐地把她的帮忙当成理所当然的事情，她帮忙，没有人感谢她，她不帮忙，却有人嫌弃她。这样一来，她在拒绝大家的时候就显得很被动，也因此而失去了好人缘。

做人，一定要有原则，而不要成为人见人捏的软柿子。否则，被欺负惯了，就无法改变自己的形象，也会因为改变而遭到很多人的嫌弃和不满意。为此，我们一定要把握好人际交往的原则，这样才能坚持自己的底线，而不至于因为成为老好人把事情做了，却没有得到好人缘，而招致很多人的不满。

牢记初心，坚持原则

人是群居动物，每个人都要在人群中生活。尤其是在现代社会生活中，个人英雄主义已经行不通，每个人都要让自己融入社会，成为社会的一员，才能更好地生存。在职场上，一个人的力量毕竟是有限的，要融入团队，与团队里的成员密切合作，这样才能最大限度发挥自身的力量，让自己在团队之中做出更大的工作成绩。当然，作为群居动物的人免不了要和形形色色的人打交道，为此一定要把握人际交往的原则，坚持人际交往的准则，所谓牢记初心，用在人际交往中也是很重要的。

现实生活中，很多人都特别爱面子，总是想要得到他人的认可和赞赏，为此不惜改变自己，牺牲自己的利益。殊不知，这样的忍辱负重、委曲求全，并不能让人际交往更加顺利地进行下去，反而会导致自己进入被动的局面，无法自拔。实际上，人与人之间的关系即使很亲密，也要把握适度距离，否则无限度地彼此接近，只会导致相互之间产生依赖性，也会使人与人之间的关系变质，褪色。在西方国家，大多数人在排队的时候都会自觉地在彼此之间保持适度的距离，这是物理上的距离。相对应的，是心理上的距离。人与人之间即使关系很亲密，也要保持心理上的距离，这样才能避免彼此无限度接近，也才能避免发生不可调和的矛盾。

在动物界，刺猬是一种很特殊的动物，因为它们浑身都长满了刺，就像是一个刺球一样让人难以靠近。每当寒冷的冬日到来，刺猬因为寒冷，也会想要彼此靠近，依偎着取暖，但是它们一旦靠得太近，就会被彼此身上的刺扎伤，感到疼痛。为此，它们只能马上分开。紧接着，它们又觉得寒冷，忍不住又想彼此靠近，但是这次它们不敢靠得那么近了，而是保持适度的距离。如果彼此没有被扎到，它们会努力尝试着更加靠近，如果被扎到，它们会离得更远一些。正是在这样不断尝试和调整的过程中，它们才能控制好彼此之间的距离，从而让彼此既可以相互取暖，也不至于被扎伤。这样适度的距离，是需要不断地调整和尝试，才能找寻到的。人虽然不像刺猬一样有很多的刺，但是人却有看不到的、无形的刺，为此人与人相处也要保持适度的距离，才能最大限度地彼此接近，保持适度的距离，不至于因为离得太近而失去适度的距离，导致矛盾的发生。这样的距离，可以出于礼貌而相互保持，也可以在很亲密的情况下进行调整，例如亲人之间的距离、爱人之间的距离，都会因为过度亲密而出现侵犯彼此的情况，需要适度调整才能保持好。

作为一个微胖界的女孩，雅思最大的梦想就是与高大帅气、英俊无敌的男友结婚。她和男友是校园恋情，开始于两小无猜、美好纯真的高中年代。然而，大学毕业开始工作后，一直以雅思胖乎乎很可爱为美丽标准的男朋友，突然对雅思有了更高的要求。他委婉地对雅思说："我觉得你如果瘦一些，肯定是个标准的美人胚子。"因为男朋友的这句话，雅思开始疯狂减肥，甚至患上了贫血。后来，男朋友又对雅思说："我的爸爸妈妈觉得你的工作不够稳定，他们希望你可以当老师，或者考取公务员，这样未来你有一份稳定的工作和收入，我就可以放心地打拼，最重要的是当老师或者公务员可以照顾好孩子，让我没有后顾之忧。"为此，雅思又开始一边工作一边辛苦地考取教师资格证，还参加公务员考试。这样一来，雅思简直忙得如同陀螺一样。闺蜜看到雅思这么拼命很不理解："大家现在都不愿意当公务员或者老师，觉得在公司里发展更有前途，而且你现在的工作也很好，是个高薪白领，为何要反其道而行，退而求其次呢？”雅思对闺蜜说：“我未来的准公婆希望如此啊，而且我的男朋友也向我传达了这个意思，我不是想结婚么，还是尽早达到他们的要求吧！”然而，让雅思万万没想到的是，她虽然考取了公务员，却没能和男朋友结婚，因为男朋友的要求一个接着一个，直到雅思主动提出分手。雅思这才意识到，原来此前的一切要求都只是男朋友在故意刁难她而已。

对于恨嫁女雅思而言，结婚固然是她的梦想，但是即便为了结婚，也不能迷失自我，否则就会渐渐地失去自我，还谈何真正想要的成功和人生呢？即使是在亲密的爱人关系中，我们也要保持适度的距离，也要坚持自我，而不要完全放弃自我。否则，终有一天我们会变得连自己都不是了，还如何能得到他人的认可和喜爱呢？退一步而言，那些不停地要求我们改变，总是对我们的人生指手画脚的所谓爱人，并不是真的爱我们，而只是想要改变我们，把我们变成他们理想中的样子而已。

在生命的道路上，任何时候我们都要坚持自我，而不要总是迷失。一个人只有做好自己，才能赢得他人的尊重和喜爱，也才能活出自己想要的样子，收获自己想要的人生。记住，你就是你，在这个世界上没有任何人可以取代你的存在，你也不会变成任何人想要的样子，你只会活出自己的精彩，活成自己的模样，拥有独属于自己的、与众不同的人生！

你处于食物链的哪一个环节

在大自然里，整个生物界有一个完整的食物链，正是因为有食物链的存在，生物界才能维持微妙的平衡状态，也才能秩序井然。其实，在人类社会也有这样的链条存在，人虽然位于自然界的链条顶端，并且自诩为万物的灵长，而在整个人类社会中，要想处于人类食物链的顶端，显然很不容易。在人类社会中，竞争是非常激烈的，要想成为人上人，就要吃得苦中苦，否则总是悠闲安逸地生活，就会导致自己在不知不觉间落入社会的底层，也会导致自己在社会生活中变得非常被动和无奈。

在动物界，猎豹跑得最快，速度达到每秒钟二十米。为此在捕捉小型猎物的时候，猎豹只需要潜伏在茂密的草丛中等待猎物经过的时候一跃而起即可。小型猎物根本无法躲避猎豹突如其来、快如闪电的攻击，马上就会被猎豹控制住，毫无还击之力。而在捕捉大型猎物的时候，猎豹则要大费周折，尤其是在遇到角马等力量型和速度型猎物时，往往要与其纠缠很长时间，才能将其彻底制服。然而，在整个动物界，猎豹算是捕猎的好手，为此猎豹从来不吃腐食，而只吃自己刚刚猎杀的新鲜食物。相比起猎豹，很多弱小的动物几乎每天都在为求生而苦苦挣扎，它们为了避免被吃掉的厄运，常常要四处寻找藏身之所。它们的天敌不仅仅有猎豹，还有老虎、狮子、狼等，这也就意味着它们随时都有可能需要逃命。实际上，越是处于食物链的顶端，越不容易被捕食，因而可以说自然界是弱肉强食的世界。看到弱小动物生存的处境这么艰难，作为人类，你是否感到很庆幸呢？然而，你的优势也只是在面对自然界的各种动物时存在而已，在人类社会也进入激烈竞争的今天，你能否在人类社会中也处于食物链的顶端，从而让自己有更好的成长和更开阔的发展空间呢？这是一个需要认真思考的问题。

现代社会，已经不像几十年前的计划经济时代那样是慢节奏的。随着市场经济的发展，随着国门打开进入国际市场中竞争，不管是作为个人还是作为企业，要想生存下来，就必须讲究效率。而要想更好地生存下来，就必须提升自己的努力空间，让自己全力以赴有更好的成长和发展，这样才能打败大多数竞争对手，让自己在社会竞争的链条中更上一步。在如今这个时代里，再也没有一劳永逸存在，每个人都要时刻保持警惕，在激烈的竞争中坚持努力进取，才能让自己保持优势。有人说，生活如同逆水行舟，不进则退，实际上，如今生活的河流流动速度更快，稍有懈怠，就会导致巨大退步。

比尔·盖茨说微软距离破产永远只有半年的时间，这样的危机意识下，微软才始终发展得这么好，始终保持强劲的进步势头。而如果一家企业认为自己永远都可以屹立于不败之林，缺乏危机意识，也就意味着这家企业距离破产不远了。作为华为的总裁，任正非自从上任，就始终坚持对华为进行危机管理。这可不像玛雅人的世界末日预言一样是无中生有，是自寻烦恼，而是企业的经营管理之道，也是企业不得不始终坚持和面对的“弱肉强食”原则。作为个人，要想在职业生涯中为自己谋求一席之地，要想让自己能够始终坚持屹立不倒，也要始终遵循优胜劣汰的原则，让自己坚持进步，坚持成长，努力不懈。还有很多人在面对人生的时候，常常怀着无所谓的态度，总觉得自己还年轻，有很多的时间可以尝试和拼搏。殊不知，人生从来不会平白无故成功，每个人在今日今时吃的点点滴滴的苦，都会为他们未来铺垫人生的道路奠定基础。否则，如果享乐在前，那么就要吃苦在后，这是毋庸置疑的。常言道，要想人前显贵，就要人后受罪，说的就是这个道理。

不要觉得人生现在就已经很苦了，也许需要吃苦的日子还在后面。为此我们一定要激发自身的所有力量，让自己在人生的道路上一往无前，这样的人生才是值得期待的，也才会绽放与众不同的光彩！

人生经不起拖延

生活中，有很多人都喜欢拖延，对于不需要当时当刻马上就要做的事情，他们就会延后，总觉得既然事情不需要今天就完成，等到明天再去做也没关系。殊不知，此刻这一秒钟的拖延，就相当于无限延迟，因为谁也不知道在下一秒是否有新的机会出现，是否会进入人生中的崭新境遇。如果因为拖延而耽误未来把握人生，则我们一定会因此而陷入更加被动的状态，也会导致人生中面临更不可预知的后果。既然如此，我们当然要时刻保持努力的姿态，这样才能让自己每时每刻都做好准备，在遇到人生中更好的机会时，也可以毫不迟疑当即抓住机会。

面对人生，千万不要随便冒出拖延的念头，否则就相当于放弃努力。在人生的历程中，要想真正努力，我们就必须全力以赴做好人生的每一步，唯有如此，我们才能赶在时间的前面，让一切进展更加顺利，也让很多事情都有良好的开端。否则，当被时间追赶，因为时间的流淌而导致在生命中迷失，再想赶上时间前进的速度，就会很难。总而言之，生命不会无缘无故地进取，我们一定要珍惜点点滴滴的时间。

现代生活中，因为电子产品的普及，使每个人面对的诱惑越来越多。没有要紧的事情需要做的时候，随随便便刷刷朋友圈，就会导致时间悄然流逝；或者用手机随时随地看看网络上的娱乐新闻，八卦一下明星的生活，就占据了陪伴家人或者努力读书的时间。也有人说因为电子产品的普及，导致时间碎片化，这其实是有道理的。实际上，不仅仅只有大段的时间可以用来学习和进步，如果能够利用好这些碎片化的时间，也可以做成很多重要的事情。例如坚持利用碎片化时间读书，那么一年下来也许就可以读十几本书，这样的知识积累对于每个人而言都将是巨大的进步。正如鲁迅先生所说，时间就像是海绵里的水，挤一挤总还是有的。遗憾的是，很多人非但没有把海绵里的水挤出来，还把大段的时间都浪费在网络上，结果导致更多的时间变成了海绵里的水，无法争取得到。对于每一个人而言，这样严重的浪费时间，必然会降低生命的效率，也会让生命的质量大打折扣。

首先，要想做到珍惜时间，就要制订严格执行行动的计划。很多人都有拖延的坏习惯，甚至还有很多人自诩为拖延癌晚期，这是因为他们从来不知道拖延的严重后果。把具体的工作规定在具体时间内完成，逼着自己产生对于时间的紧迫感，这很重要。很多细心的朋友会发现，在做具体的工作时，能够做到提升效率与漫无目的随意地去做，会有很大的差别。最重要的在于，我们一定要在珍惜时间的基础上利用好时间，这样才能让每一分每一秒的时间都如同好钢用在刀刃上一样，用在恰到好处的地方，这是很重要的。

其次，要承担拖延的后果和责任。很多人之所以对于拖延不能做到主动戒除，是因为他们从未真正地意识到拖延的严重后果，也没有为了拖延承担过责任。当有朝一日他们真正因为拖延而损失惨重，并且切实意识到拖延的后果是非常糟糕且严重的，他们才会长记性，从而再也不拖延。

最后，过度拖延会给人的心理带来微妙的变化，使人变得消极懈怠，而且常常会在不知不觉间失去斗志。这是因为拖延是一种慢性消耗性的心理疾病，当人们习惯于拖延，就不会再加快速度展开行动，也不会再斗志昂扬地面对人生。这样的情况下，拖延给我们造成的损失当然是非常惨重的。要记住，人生经不起拖延，一切的拖延在高效率的人生中都要被戒除，唯有如此，我们才能有更好的人生体验，也才能在成长的过程中不断地努力崛起，坚持奋斗。不拖延的人生，才足够精彩，不拖延的人生，才有未来可以期待！

坚持到底，才能得到成功眷顾

现实生活中，人人都渴望获得成功，都梦想着能够到达人生的巅峰，获得圆满的结果和收获。然而，只有少数人能够成功，大多数人都只能度过平庸的人生，甚至常常与失败纠缠不休，这到底是为什么呢？究其原因，是因为大多数人对于失败的态度不同。真正的成功者哪怕遭遇失败，也能够鼓起信心和勇气再一次尝试，为此他们可以在一次又一次的失败中汲取经验和教训，最终获得成功。例如爱迪生发明电灯时，尝试了一千多种材料，进行了七千多次实验，才找到当时最适合用作灯丝的材料，获得成功。而失败者、平庸者则与成功者截然不同，他们哪怕遭遇小小的挫折和坎坷，也马上会受到沉重的打击，变得颓废沮丧，甚至心生胆怯，不愿意再继续努力和尝试。这是因为他们缺乏坚持到底的精神。也有少部分人在坚持很多次之后，因为缺乏毅力，最终选择了放弃，这样一来，使得他们在真正获得成功之前放弃，也为此而迷失在生命的历程中，彻底与成功绝缘。由此可见，真正的成功者都是能够坚持到底的人，都是能够在无数次失败面前始终不放弃的人，为此他们才能坚持到最后，也笑到最后。

人生的道路从来不是顺遂如意的，尤其是在追求成功的道路上，每个人都会遇到各种各样的困难，都会经历形形色色的障碍，也会遭遇不可预知的、突如其来的打击和磨难。在这样的情况下，我们到底是选择迎难而退，还是选择知难而上呢？不同的选择让我们的人生走向不同的境遇，也让我们的未来变得截然不同，甚至还会彻底改变我们的命运。为此，我们最重要的不是幻想成功，而是要让此刻的自己拥有坚韧不拔的毅力和顽强不屈的精神，这样的我们才会在人生的道路上迈过一道又一道的坎，走过一程又一程的艰难，从而获得最终的成功。

成功没有捷径，也没有诀窍，如果说成功一定有经验，那么对于无数成功者都适用的唯一经验就是：坚持，坚持，再坚持！唯有如此，我们才能在生命的历程中不断地崛起，也才能在人生的道路上努力向前，不断进取！否则，当我们内心失去希望，也情不自禁想要放弃，那么我们就会面临彻底的失败，再无成功的可能！

1980年，在美国的一个偏僻且贫穷的农庄里，山德士出生了。他的家非常贫穷，全家五口人，都依靠父亲的微薄薪水度日，为此生活得很艰难，也偶尔会有食不果腹的时候。即便是这样的生活，也没有维持太久的时间。在山德士五岁的时候，他的父亲因为生病突然去世，这让原本艰难的家庭生活陷入更加困窘的状态，母亲不得不日夜辛苦地做工，才能勉强养活三个孩子。为此，作为老大的山德士常常在母亲还没有收工的时候就给弟弟妹妹做饭吃，以此减轻母亲的负担。在他十二岁那年，母亲改嫁，山德士与继父相处得很不愉快，继父对他动辄打骂，为此他辍学后开始了四处打工和流浪的生涯。此后，他充满坎坷和挫折的人生也展开了序幕。

山德士一生之中结婚两次，被第一任妻子卷走了所有的财产，与第二任妻子离婚。他虽然开了一家饭馆，却因为要修建公路而不得不关门。直到快六十岁的时候，他依然只能依靠微薄的救济金生活。然而，有一天，他突然想到自己在开饭店的时候做的炸鸡很受欢迎，为此他决定出售自己的炸鸡配方，为自己赚取收益。他在两年多的时间里开着破旧的老爷车跑遍了美国，风餐露宿，吃住都在车里，饱尝苦头，却没有把配方推销出去。他没有气馁，继续努力，被拒绝了1009次之后，在进行第1010次推销的时候，终于有人愿意出钱购买他的炸鸡配方。结果，以他的炸鸡配方为基础的连锁餐厅发展很迅猛，他由此而过上了很好的生活，到了七十五岁的时候，他出售了炸鸡品牌和专利，并且没有保留股份，所以失去了人生中最大的一笔分红。他很心疼，但是没有气馁，居然以八十三岁高龄又开起了快餐店，并且打赢了被指控商标侵权的官司。由此一来，大家都知道他是创办炸鸡连锁餐饮的人，他微笑着的老爷爷形象也挂遍了全世界的所有炸鸡品牌连锁餐厅。

不得不说，山德士的一生是充满坎坷和挫折的一生，但正是因为他坚持不懈地推销炸鸡配方，才在已经年逾六十的情况下，成功扭转了命运。如果他不能坚持到底，即便是在被拒绝1009次之后放弃，他也不会有今日的成就，更不会有后来发展良好的人生。

对于每个人而言，坚韧不拔的毅力都是不可或缺的优秀品质。古今中外，大多数能够获得成功的人，都是因为在不断努力的过程中，在面对失败的时候，表现出顽强不屈的毅力。例如伟大的音乐家贝多芬，即使在失聪的情况下，依然坚持创作，举世闻名的《命运交响曲》就是他在失聪之后创作出来的。中国古代的司马迁遭遇宫刑，身在狱中，依然坚持创作《史记》，这部伟大的作品被鲁迅先生赞誉为“史家之绝唱，无韵之离骚”。一切伟大的人物都有坚持不懈的精神，也有与命运博弈的勇气，所以才能证明自己的实力和价值，也以坚持不懈的精神为自己谱写人生的伟大篇章。相比之下，总是热衷于放弃的怯懦者，是与成功无缘的，也难以逃脱被命运放弃的厄运，常常会在与命运博弈的过程中失败，或者在还没有与命运展开博弈的时候就甘拜下风。

第10章 安全感，从来只有自己能给

人人都想获得安全感，这是因为安全感对于每个人都至关重要，只有在拥有安全感的情况下，人才会感到安心和踏实，也才会真正感受到快乐和幸福。然而，很多人奢望从外部世界获得安全感，从本质上而言，安全感只有自己才能给自己，而不是轻而易举可以获得的。要想让自己拥有安全感，我们就要更加强大，努力提升和完善自己，这样才能在成长的过程中不断地崛起，也才能在人生的旅程中努力前行，看到更多美丽的风景。

你的心里有小孩子吗

每个人的心里都住着一个小孩，这个小孩是小时候纯真无邪的我们，也是怀有赤子之心、内心纯粹的我们。随着时间的流逝，我们从孱弱的生命一天天成长，身体变得更加强壮，内心变得更加成熟和坚强，但是我们心底的小孩子却没有长大，它依然坚持自己的选择，小小的，蜷缩在我们心灵的一个角落里，作为我们心灵中最柔软和敏感的存在。这个小孩让我们对于生命始终怀着美好的心，常常会冒出头来，让我们看一部动画片，让我们在看到雪花飘飞的时候忍不住欢呼雀跃。因为有了这个小孩的存在，我们更需要保护，需要获得安全感，我们的人生也时常如同形状各异、晶莹剔透的雪花一样，变得璀璨夺目，让人不忍心迷失。

还记得小时候看过的《葫芦娃》吗？或者你没有那么老，因为你看过的动画片是《哆啦A梦》，也有可能是《爱丽丝梦游仙境》。但是，不管你看过怎样的动画片，你的心底一定有着动画片里的情节和形象，你也还会忍不住像小时候一样幻想，如果我有动画片里那样的超能力就好了，那么我的人生就不会有这么多的烦恼了。这又是你心里的小孩在跑出来捣乱，他让已经习惯了坚强努力面对这个世界的你，心底时常柔软，泛出温情。但是，不要责怪这个小孩，因为他让你的内心充满美好希望，也让你的人生有很多的憧憬和幻想。

即使有的时候这个小孩很老实，不会无缘无故跑出来捣乱，你也常常会感受到这个小孩的存在。实际上，这个小孩不是别人，就是你心里没有长大的你啊！他小小的，带着你幼年时的模样和美好，不管你以怎样的方式解读他，也不管你如何面对他，他都是你，都是最真实和坚强的你，都是最美好和单纯的你，都是不可分割的你。有了他，你才完整，你才能更加真实地面对这个世界，你也会因为他而变得柔软，变得强大，变得对人生充满渴望与憧憬。

有一位老和尚带着小徒弟在深山中的寺庙里修行，老和尚非常疼爱小徒弟，为此并没有严格要求他，而是任由他顺从天性成长，甚至都不让他诵经。就这样，小徒弟陪伴在老和尚身边快快乐乐、无忧无虑地成长。直到有一天，寺庙里来了一个云游的高僧。高僧看到小徒弟活泼可爱，天真烂漫，却不懂得礼仪，就教给了小徒弟一些礼仪。

老和尚化缘过来，小徒弟对着老和尚行礼，老和尚惊讶不已："谁教你的？"小徒弟回答："是高僧教我的。"老和尚很生气，当即去找高僧理论："您住在我的寺庙里，我供着您吃住，您这是要做什么？我的小徒弟天真可爱，活泼烂漫，你为何要教会他这些世俗的事情呢？请您明天天亮就离开寺庙，以免教坏了我的徒弟！"高僧莫名其妙，他原本以为老和尚会感谢他教会徒弟礼仪，却没想到老和尚会这么生气。

古人云，人之初，性本善，古人又云，人之初，性本恶。实际上，孩子刚出生的时候没有善恶，每个纯真的心灵都像是一张白纸一样，毫无成见，也没有偏见和误解。遗憾的是，随着不断地成长，孩子懂得越来越多的人情世故，也就会渐渐地失去童真之心，而变得越来越世俗，越来越有城府。这个时候，孩子就渐渐失去赤子之心，也会远离快乐和幸福。在人生的道路上，我们一定要始终怀有赤子之心，坚持内心的真善美，这样才能获得真正的幸福与快乐。

需要注意的是，很多人都会陷入一个误区，就是觉得人生在世，一定要符合世俗的眼光，变得和别人一样。殊不知，这样做是没有必要的，因为每个人都是这个世界上独立的生命个体，都有自己的脾气秉性和各种价值观念，而且每个人的成长背景、教育经历都各不相同，所以对人生的理解和感悟都是截然不同的，但是都需要非常努力和坚持进取，才能在生命的历程中不断地前进，最终才能有所收获。记住，人生的目的从来不在于变得和别人一样，而是要活得有辨识度，要区别于他人，这样才能真正获得精彩和与众不同的人生。

每一个人，好好爱自己心里的小孩吧，因为他关系到你的幸福，关系到你在人生中的收获和得到！

给自己安全感

人人都想获得安全感，然而安全感并非是从外部得到的，而是从自身得到的。每个人都要让自己变得更加强大和无所畏惧，才能获得安全感，不要总是期望从外部获得安全感，更不要把获得安全感的希望寄托在别人身上。所谓靠山山会倒，靠树树会跑，每个人唯有自己才是自己的依靠，一定要让自己变得更加强大，内心充满力量，才能在人生之中有更好的成长，而不会因为外部的任何风吹草动就马上迷惘和惊慌。

遗憾的是，在现实生活中，很多人误以为安全感要从别人那里获得，为此他们常常对他人寄予很大的期望，而不愿意努力提升和完善自己以获得安全感。这么做的直接后果就是他们根本不可能获得安全感，因为除了父母会为年幼的孩子提供安全感之外，没有任何成人可以保障别人的安全。就算是父母，等到孩子有朝一日长大成人，他们也就无法继续照顾和呵护孩子。而孩子羽翼丰满，就需要依靠自己的力量去生活和成长，也需要靠着自己的努力去圆满人生，甚至还要照顾年迈的父母。由此可见，每一个孩子要想获得更好的生存，就必须让自己不断地成长，变得强大起来。否则一味地依靠父母，等到长大成人，父母也老去，就会在面对人生的时候陷入困境和无奈，更没有力量驾驭人生。

除了父母和亲子的关系之外，作为一个成年人，应该时时处处都关注给自己安全感这件事情。在如今这个时代里生存，要想获得安全感很难，一则是因为生存的压力越来越大，二则是因为竞争变得日益激烈。为此，我们必须时刻留意提升自己的能力，以实力为自己代言，这样才能以自身的不变——持续提升实力，应付人生的万变，也才能在人生的各种境遇中获得更好的成长和发展，变得越来越成熟，越来越坚强，真正以强者的姿态傲然屹立于人生之林。

很多人都知道演员马苏，她演过很多的电视剧，曾经是孔令辉的女朋友。马苏和孔令辉相恋十一年，最终却选择分手，他们分手的原因我们不得而知，但是在和孔令辉恋爱期间，马苏还是一个一无所有的小演员，但是她很坚强自立，从未依靠名气很大的孔令辉生活。

据说，有一次马苏和孔令辉吵架，孔令辉在气愤之余忍不住呵斥马苏“滚”，马苏作为一个东北女孩，有着倔强的性格和不服输的精神，因而当即就不甘示弱地收拾行李摔门而去。但是走在霓虹灯闪烁的街头，马苏却感到很迷惘，因为她没有房子，在北京也没有家，根本没有地方可以去。因为是负气离家出走，倔强的她不好意思给朋友打电话求助，只好住到了宾馆里。自从经历这件事情之后，马苏就意识到自己作为一个女孩，无论是否有爱情可以依靠，自己都一定要坚强自立，这样至少在有需要独处的时候有地方可以去。从此之后，马苏依靠自己的能力在北京东四环购买了一套房子，当时的她七拼八凑只能凑够首付，而且每个月要还一万多元的月供。但是马苏没有后悔，她开始了作为房奴的生活，努力接戏，拼命拍戏。买完房子之后，没有钱装修，更没有钱买家具，她就一点一点地攒钱，在装修之后，一件一件地添置家具。她没有寻求孔令辉的帮助，完全依靠自己为自己安置了一个家。即便孔令辉主动提出要帮助她，也被她拒绝了。从此之后，马苏变得更加自信，因为她知道自己在这个世界上有一个地方可以去，有一个地方可以不被打扰，完全属于自己。

马苏以一个家给了自己安全感，结束了自己在与男朋友吵架之后有可能没有地方可去的尴尬情况。这样的女性，是值得尊重的，也是值得自己骄傲的，因为她深深知道安全感要自己给自己的道理，也在可以靠着颜值不劳而获的情况下，选择依靠自己的实力获得安全感。如今，有太多的女孩内心特别浮躁，她们想要不劳而获，一下子就获得成功，得到自己梦寐以求的一切，而不愿意通过努力去收获更多。为此，很多女孩都做着嫁入豪门的梦，却从未想到自己有朝一日可以凭着努力过上梦寐以求的生活。其实，一夜梦碎豪门的女孩也不在少数，对于爱情，明智的女孩会选择和所爱的人在一起打拼，会选择宁愿坐在自行车后笑，也不要坐在宝马车里哭的踏实婚姻，与爱人一起努力奋斗，踏踏实实在人生的道路上稳步向前。

在现实生活中，只把安全感挂在嘴边上是远远不够的，更重要的在于，我们要努力奋斗，展开实际行动，让自己距离梦想越来越近。而且，真正的安全感与一个人拥有多少金钱、财富和权势都没有关系，而是与一个人内心是否知道要什么，也是否笃定在人生之中展开追求有密切的关系。一个穷人如果获得了自己想要的生活，也可以有安全感，而一个富人即使有很多的金钱，如果没有得到自己梦寐以求的生活，也是没有安全感的。真正的安全感来自人的自信和对未来生活的把握，当很清楚自己想要什么，也明确自己只要通过努力就能得到的时候，我们的内心无疑是充满安全感的。记住，安全感只能自己给自己，当你足够相信自己，当你认为自己依靠自身的力量一定能够创造生活，打造生活，你就会越来越有安全感，你的人生也会变得与众不同，充满信心和力量。

每个人唯一可以依靠的就是自己

很小的孩子就会察言观色，当他们摔倒在地的时候，如果父母马上过去紧张地搀扶起他们，他们马上就会撒娇地哭起来。而如果父母对他们的摔倒无动于衷，看也不看他们，那么也没有摔得那么疼的他们，马上就会拍拍身上的泥土，爬起来，继续玩，就像没事一样。孩子之所以会有如此截然不同的反应，是因为他们能够辨识清楚自己是否有依靠。在这种情况下，明智的父母不会一味地骄纵孩子，宠溺孩子，而会在孩子摔倒之后，给予孩子一定的时间去面对，让孩子意识到自己摔倒并没有那么严重，是可以独自面对的。这样一来，孩子将来再次摔倒才不会第一时间就哭泣，也不会总是等着父母来搀扶自己，这对于提升孩子的独立自强能力有很大的好处。

很多细心的朋友会发现，穷人的孩子早当家是很有道理的，这是因为如果孩子从小生活在优渥的环境中，他们就会因为有所依赖而不愿意激发自己努力奋斗的意志，也会因为习惯于凡事都求助于父母，而变得越来越懒惰。相反，在穷人家里，孩子没有依靠，他们知道父母的能力有限，无法为他们提供更好的生活，他们要想改变命运，就必须努力学习，全力拼搏，这让他们断绝了依靠的念想，从而全力以赴，绝不懈怠和畏缩。正是在这样的情况下，孩子们变得更懂事，也成为世人口中争气的好孩子。

其实，不仅孩子如此，成人也是如此。有的人就想不劳而获，而不愿意辛苦地努力和奋斗。为此，即使对于成人而言，也要逼着自己不断努力和奋进，这样才能在成长的道路上坚持前行，迸发出更加强大的人生力量。任何时候，作为已经长大的孩子都不要想着依靠父母，作为已经成年的女孩也不要依靠爱人，作为一个独立的人也不要只想依靠同事、朋友的帮助。唯有作为一个独立坚强的人，我们才能在与人相处的时候，表现出自己的独立姿态，活出自己的精彩。

哈特从小出生在一个贫穷的家庭里，因为父母没有钱供他读书，所以他从来没有上过学。他常常站在教室外面听老师讲课，梦想着自己有朝一日也能和其他孩子一起走入课堂。然而，还没有等来这样的日子，他就长大了，开始了四处打工的生活。他很有野心，不想这样浑浑噩噩度过一生，为此背起行囊去了大城市，并且梦想着能够在大城市里找到一份工作，生存下来。然而，理想总是丰满的，现实却是骨感的，哈特四处找工作，也没有结果。眼看着带来的钱快要花完了，他想打道回府，又不甘心回到自己刚刚逃离的农村，思来想去，哈特决定给大名鼎鼎的银行家罗斯写一封信，他寄希望于功成名就的罗斯会同情他这个想要改变命运的穷小子，并且帮助他。为此，他暂时放下离开的想法，在信件寄出去之后，就一直在焦急地等待。

等了好几天，哈特也没有等到罗斯先生的回信，而此时此刻，他真的就要身无分文，为此他只能收拾行李准备回家。就在要离开的那天中午，哈特接到了罗斯先生的回信，他兴奋不已，赶紧打开信来看，但是在回信里，罗斯先生并没有表示要帮助哈特，而是给哈特讲了一个故事："哈特先生，很高兴你能写信给我，可惜我对你爱莫能助。我既不会同情任何人，也不会把辛辛苦苦赚来的钱给任何不相干的人用。不过，我倒是很乐意讲个故事给你。在大海里，几乎所有的鱼类都要凭着鱼鳔才能沉沉浮浮，但是有一种鱼似乎被造物主遗忘了，因为它没有鱼鳔。这也就意味着这种鱼要想不沉入海底，就必须一刻不停地游动，听起来它简直没有可能活下去，对不对？然而现实却是，这种鱼不但活了下来，而且还活得很好，非常健壮，成了海上霸主，这种鱼就是鲨鱼。那么，当你没有能力主宰自己的沉浮时，你还能做什么呢？你唯一能做的就是在海水中不停地游动，以免自己被沉没。现在，你知道自己该怎么做了吗？”读了罗斯的回信，哈特没有离开，而是认真地开始思考自己应该何去何从。次日清晨，他对旅馆老板说：“我愿意为您打工，您只要管我吃住就行，直到我能付给您足够的房费为止。”就这样，哈特选择留下来。

十年过去了，哈特成为美国大名鼎鼎的石油大王，而且还迎娶了银行家罗斯的女儿。他是不折不扣的人生赢家，也真正地创造了自己的传奇人生。

一无所有的哈特正像是一条连鱼鳔都没有的鱼，为了更好地在海洋里生存，没有鱼鳔的鱼只能在海洋里游来游去，以免沉入海底，而哈特也只能坚持奋斗，在贫穷的境遇里创造奇迹，最终成为石油大王。任何人都不要奢望能够不劳而获，在人生的道路上，只有坚定不移地勇往直前，我们才能不断地成长，也才能披荆斩棘、乘风破浪勇往直前。在这样破釜沉舟的人生态度下，人生的潜能会被激发出来，人生的未来也会发展更好。

任何时候，都不要轻易放弃希望，哪怕你真的一无所有，哪怕你真的无路可走。只要你心中怀有希望，只要你在任何情况下都绝不放弃，你就可以成为人生的主宰，就可以真正地驾驭人生。没有人可以一蹴而就获得成功，在人生的道路上奋力拼搏，每个人都会遇到各种各样的困难际遇和艰难处境，为此内心一定要更加笃定，提升自己的实力，全力以赴前行，才能有更美好的未来值得期待和憧憬。在人生的道路上，我们必须一直努力向前，拥有坚决的勇气和执着的力量。小树苗要想长成参天大树还要经历风雨的摧残和折磨，更何况我们人呢？要相信终有一天，我们所有的努力都会开花结果，也要相信终有一天，我们一定会得到生命最丰厚的馈赠！

学会面对感情

爱情是造物主给予人类最美好的礼物，为此很多人都特别崇尚爱情，为了爱情奋不顾身，飞蛾扑火，也有很多人对爱情怀着游戏的态度，把爱情作为一种武器使用，游戏感情。不得不说，如何面对感情，是一门艺术，也是一门学问，否则如果总是在面对爱情的过程中迷失自我，或者因为爱情而毁灭，或者对爱情漫不经心，总是三心二意，都会导致我们在感情中受到伤害。曾经有人说，感情既是一个人的软肋，也是一个人的铠甲，这句话让很多饱经情伤的人忍不住感慨唏嘘，啧啧赞叹。

对于爱情，每个人都有自己的态度和原则，最重要的是要遵循自己的内心指引，去做关于爱情的选择。遗憾的是，在如今的时代里，很多人对于爱情的态度都模棱两可，总觉得金钱、物质等更重要。尤其是很多女孩认为嫁人是一个改变命运的好时机，如果能够嫁入豪门，甚至可以少奋斗大半生。为此，出于对财富的追求，她们选择和富豪结婚，却不知道这样的婚姻建立在美貌和财富的基础上，是缺乏感情基础的。人生很漫长，我们要经历很多的事情，如果不能为自己寻觅到一份坚固的、可以真正托付终身的爱情，就这样匆忙地把自己嫁出去，可想而知结果会很糟糕。

树立正确的爱情观和人生观，能够帮助我们在成长的过程中对爱情有更深入的了解，从而做出真正明智的选择。固然婚姻失败还有再选择的机会，但是人生短暂，为何不忠于自己的内心，忠于自己对感情的执着追求，从而让自己有更好的未来和人生可期待呢？记得台湾诗人舒婷曾经写过一首诗《致橡树》。在这首诗里，舒婷表达了自己要与所爱的人以树与树的形象并肩而立的愿望和理想，并且明确表示自己不想像攀援的凌霄花那样面对爱情。不得不说，这样的爱情观是很好的，因为即使作为女人，也要自强自立，才能得到爱人的认可与尊重，才能与所爱的人携手并肩而行，共创美好的人生。

感情是一把双刃剑，如果不能正确对待和合理处理好关于感情的问题，很容易就会伤人害己。作为女孩需要注意，在爱情之中一定要有尊严。有很多女孩为了爱情而把自己低到尘埃里，以为无私地付出就能赢得爱，殊不知，这样只会让自己在爱情中没落，也会导致自己在爱情中失去尊严。在民国时期，才女张爱玲因为爱上了汉奸胡兰成，因而导致自己的发展受到影响，但是她无怨无悔。为了胡兰成，她把自己低到尘埃里，结果反而被胡兰成劈腿，受到严重的情伤。她后来又陪伴第二任丈夫赖斯度过了短暂的幸福时光，最终一个人死在公寓里，晚景凄凉。爱情对于每个人都很重要。每个人在人世间都是孤独的，有爱人的陪伴，有爱情的滋养，人生才不至于那么艰难。为此，我们要端正对爱情的态度，也要理性追求爱情。只有让自己成为一棵顶天立地的大树，我们才能在面对爱情的时候，有独立孑然的态度，有骄傲的姿态。爱情，是人生中最美好的礼物，我们一定要珍惜爱情，要在爱情之中更加理性面对人生，才能最终获得爱情，也让自己的人生更加充实且美好。

除了金钱，还有很多值得你珍惜

不可否认，要想在现代社会中获得更好的生存，提升生活的质量，金钱的确是必不可少的。然而，人生之中，金钱难道是唯一重要的吗？当然不是。除了金钱之外，现实生活中还有很多值得我们珍惜，我们必须要端正对金钱的态度，才能避免自己成为金钱的奴隶，避免在金钱的奴役下生活，坠入金钱的无底深渊之中无法自拔。

如今，有很多年轻人都为买房子而发愁。尤其是在大城市里，房子的确太贵了，往往要穷尽好几代人的力量，才能勉强付一个首付。然而，金钱能够买来房子，却买不来家，年轻人要想拥有幸福的家，除了要有房子之外，还要有爱情，有相爱的人执子之手，与子偕老。对于幸福的家庭而言，爱情和爱人要远远比房子重要，如果没有爱情和爱人，再大的房子也只是一座建筑物而已。为此，真心相爱的人有情饮水饱，哪怕没有房子，也可以在租来的房子里过着幸福的生活。前段时间，网络上谣传是丈母娘推高了房价，这固然是调侃，却也不无道理。很多女孩在结婚之前都要求男孩买房，甚至还有因为男孩出不起彩礼，买不起房子，而与男孩分手的。不得不说，因为这种世俗且奇葩的原因而分手的情侣之间，绝对不是真爱。而对于男孩来说，如果一个女孩因为你没有房子就选择放弃你，那么这个女孩也不值得你珍惜和挽留。把爱情与金钱、房子捆绑在一起，是整个社会的悲哀。

金钱能买来药品，却买不来健康。如今，很多人的生存压力都很大，而且还要应付职场上激烈的竞争，为此很多人都在高强度压力下变成亚健康，虽然身体频繁地敲响警钟，他们却无法给予自己的身体更好的照顾。正是在这样的情况下，如今猝死的中年人越来越多，这告诉我们即使有再多的金钱和物质，有再高的官位和权利，如果没有健康的身体，一切都会变成毫无意义的零。只有健康的身体才能保证延续，为此，任何时候都不要为了暂时赚取金钱而损害自己的身体健康，更不要为了一时的成功就透支自己的时间和精力。如今很多行业和领域都追求可持续性发展，人生也要追求可持续性发展。这样才能不断激发自身的力量，让生命更加绽放光彩。

金钱能买来陪伴，却买不来亲情。记得在有一年的春节联欢晚会上，赵本山和宋丹丹表演的小品中，宋丹丹作为陪聊的老太太，受到赵本山孩子的委托，来陪着赵本山聊天。这个小品形象地演绎了空巢老人内心的孤苦无依，也深刻地反映了社会的现状。如今的社会，空巢老人越来越多，陪聊甚至可以发展成为一个新兴的产业。然而，在这个新产业崛起的背后，却是残酷的社会现实。越来越多的年轻人为了谋生，背井离乡，哪怕逢年过节的时候也因为加班或者离家太远而无法回家。树欲静而风不止，子欲养而亲不待，任何时候都不要盲目迷失在对金钱的追求中而忽略了对亲人的陪伴。否则，等到有朝一日想要弥补的时候，父母已经老去。

金钱能够买来很多东西，特别是在经济快速发展的现代社会，没有钱寸步难行，但我们要始终牢记，金钱固然能买来很多东西，但也有很多东西买不来，金钱不是人生中最重要的。归根结底，金钱只是我们提升生活品质的重要手段，而不是我们活着的唯一目的，只有摆正对金钱的态度，把金钱放置在人生中合理的位置上，我们才能借助于金钱经营好人生，提升生活的品质，也才能有的放矢地面对人生。一个真正自由的人，不但要有身体的自由，也要有金钱的自由，不要陷入盲目追求财务自由的困境中无法自拔，应该让自己实现对于金钱的态度自由，这才是真正的自由，也才是纯粹的自由！

第11章 在孤独中成长，酝酿任性的底气

有人说人生是一场孤独的旅程，每个人注定要孤独地来，孤独地去。的确如此，生死的路上人人都是独行客，但是在生命的历程中，却有很多人追求热闹，不喜欢寂寞。从心理学的角度来说，如果一个人总是排斥和抗拒寂寞，则意味着他们的内心很不成熟。一个真正成熟的人，总是可以坦然面对孤独，他们在孤独中与自己相处，与自己的心灵对话，也渐渐地变得更加有底气，即使任性也是有资本的。所以说，享受孤独是一种能力。

敢于面对孤独，才是真的成长

从心理学的角度而言，孤独是一场与自己的对白，是与自己深刻的交流，也是反省和审视自己的好时机。古今中外，大凡成功者无一不是能够耐得住寂寞的人，他们可以享受繁华，也可以从容面对寂寞，为此在成长的过程中不管遭遇怎样的境遇，都始终淡然相对，坦然从容。正是因为这样的人生姿态，才能让他们活出独属于自己的美好人生。在唐朝，李白被称为诗仙，他曾经说过，古来圣贤皆寂寞，唯有饮者留其名。因为这样独行于天地之间，今朝有酒今朝醉，李白才能享受寂寞，也才能发出“天生我材必有用，千金散尽还复来”的豪言壮语。时至今日，读起李白的诗句——“黄河之水天上来”还会觉得内心充满了豪情壮志。

每一个人在生命的历程中都会有一段孤独寂寞的时光，如何度过这段时间，对于人生的发展和成长有至关重要的影响。很多人在孤独中沉沦，人生变得颓废沮丧，毫无希望可言。有的人在孤独中积蓄力量，总是能够战胜孤独，活成自己最想要的模样，活出自己的精彩人生。这样的人才是真的耐得住孤独的人，在孤独寂寞中，他们的人生花开，他们独自欣赏，不会因为缺少看客就兴致索然。在观众众多的时候，他们的人生花开，他们得到掌声和鲜花，也依然是一副宠辱不惊的模样，因为他们很清楚，人生有太多的事情需要他们去经营和面对，未来或许有挑战，或许有收获，只有笃定的心才能坦然接受和面对。

很多人都喜欢张大千的画作，却不知道张大千为了远离城市的喧嚣潜心作画，在西北部的穷乡僻壤之处，居住了很长时间。虽然生活清苦，但是他从不抱怨，而是始终都甘于清贫。曾经，他还遭遇强盗和土匪的打劫，但是这一切都没有吓倒他，他始终坚持奋进，努力前行，没有丝毫畏缩和退却。在与孤独相伴的过程中，他的画作越来越贴近心灵，也越来越能够打动人心，最终成了无价之宝。如果没有曾经的孤独和潜心修炼，张大千根本不会有后来的成就。所以说，是孤独成就了张大千，也是孤独成就了一位伟大的画家。

才女林徽因也很安于享受孤独。她在少女时期就爱上了多情才子徐志摩，当然，徐志摩也很爱她，但是她很理智，避开了有妻子的徐志摩，而是选择和学习建筑的梁思成在一起。若论文学的才思，梁思成当然远远不及徐志摩，但是林徽因的理性告诉她，她更应该爱梁思成。后来，林徽因与梁思成成为建筑史上的伉俪，而徐志摩则因为飞机失事而英年早逝。从林徽因选择和务实的梁思成在一起，就可以看出她既有浪漫的思想，也有求真务实的精神，更能耐得住人生寂寞。在外逃亡的日子里，林徽因和梁思成相依相伴，带着一家老小东躲西藏，吃尽了苦头，但是即便生活艰难，他们也把住的简陋居所收拾得干净清爽，可想林徽因不但耐得住寂寞，还对于人生有着执着的热爱。

生命，总不会一直都高歌猛进。在生命的历程中，人人都想与所爱的人一起努力奋斗，然而，当爱情陷入孤独的状态，没有更多的金钱物质作为渲染，这样的爱情还能长久吗？古人云，由俭入奢易，由奢入俭难。同样的道理，当人生面临生命的困境，从繁华的境遇跌落到寂寞之中，我们又是否能够承受，对于人生初心不改呢？

实际上，在现实生活中，每个人为了维持基本的生存所需要的东西是很少的，为此有人提倡极简生活，就是想要在特别简单生活的状态下，让人生的欲望变少，让人生的幸福与快乐变多。简单的生活也是寂寞的，在清贫的日子里，总是会少一些高朋满座的时刻，总是会在人生的道路上得到更多，迷失更多。为此，我们一定要更加全力以赴奔向美好的未来，也要管理好自己的情绪，让自己敢于寂寞，乐守寂寞，这才是最重要的。

很多人认为拥有丰富的人脉资源有助于人生发展和成长，为此他们把人际交往能力看得特别重要。实际上，与可以和很多人谈笑风生相比，能够在孤独寂寞的状态中与自己更好的相处，更是一种不可多得的能力。人生道路漫漫，我们更要学会面对自己，走入自己的内心，也让自己在深入挖掘和感悟人生意义的基础上，活出不一样的精彩人生！

日子平淡如水，要品出真味

初来南京的时候，走在南京的大街小巷，我常常感到惊讶：每走几步就有一个茶饮点卖奶茶、果汁等各种饮料，这些饮料中除了鲜果饮之外，其他的饮料全都是用各种干粉剂冲泡的，且不说都是暴利，喝了于身体健康也是不好的，为何还有那么多年轻人热衷于花上十几块钱去购买这样的一杯饮料呢？仔细想来，或许是因为年轻人的消费观念不同，也或许是如今的年轻人嘴巴都刁钻了，不愿意喝白开水，为此他们才更喜欢喝味道浓重的饮料。然而，如果你足够细心，就会发现在真正口渴的时候，喝饮料根本不解渴，最过瘾的是来上一大杯凉白开，咕嘟咕嘟喝到肚子里，马上就觉得通体舒泰，口舌生津，而饮料却越喝越渴，就像后羿射日的时候在喝海水一样。

当浮躁的心连喝白开水的耐心都失去了，又有几个人还能在喝白开水的时候品出真味来呢？面对寡淡无味的人生，他们常常没有耐心，也总是会感到内心惶恐。在这样的状态下，外部世界的改变固然是一部分原因，更多的是因为我们的内心失去了淡定平和，也失去了真挚。为此，我们一定要放平心态，固守内心，这样才能在平淡的日子里品出真味，也才能坚持把平凡的日子活出精彩。

人生不可能一直繁花似锦，轰轰烈烈。更多的时候，生活就像是一条平静的河流，以人们不易觉察的速度缓慢地向前流淌，为此人们未免觉得烦躁不安，也认为这样的日子过久了自己都要发霉了。其实，人生中最美好的状态不就是现世安稳，岁月静好吗？偏偏人们总是这样，在热闹的时候想要安静，而在过于安静的时候又期待热闹。要想在平淡的人生中活出真味，我们就要学习生长于地中海东岸的蒲公英。这种蒲公英生活在地中海东岸的沙漠里，在漫长的一生之中，它始终都在忍耐干旱，积蓄力量，因为沙漠里干旱少雨，所以蒲公英没有机会开花。一旦有落雨，神奇的蒲公英马上开花，开始传递生命。即使落雨之后沙漠很快再次变得干旱，小小的蒲公英也能抓紧时间在沙漠再次变得干旱之前受孕、结果、传递种子，从而实现生命的神奇延续。当地人在发现蒲公英的神奇生命力之后，都很敬畏蒲公英，也把蒲公英作为礼物赠送给他人。不得不说，这种顽强的精神，正是蒲公英的可贵之处，也是蒲公英最了不起和伟大的地方。

已经到了深秋的节气，在日本东京的一个公园里，有一个身材矮小的年轻人正蜷缩在公园的长椅上睡觉。等到天色渐渐变得明亮，他就像在温暖舒适的床上睡了一觉一样，马上精神抖擞地从长椅上爬起来，然后走向保险公司。原来，这个年轻人是一名保险推销员，因为开始从事保险推销业务之后，他始终没有顺利推销出去保单，所以他付不起房租，只能睡在公园里的长椅上。也因为没有钱吃饭，他常常会饿着肚子，但是这一切从未影响他每天晚上在长椅上瑟瑟发抖地睡着，而等到次日清晨醒来，又会精神抖擞地就像睡了一个饱满的觉一样去上班。同事们根本不知道他在过着这样的日子，因为他始终都是整个公司里最积极乐观和精神饱满的那一个。但是他的保险推销始终不见起色，直到有一个客户坦言告诉他："你的话语丝毫没有吸引力，不能让我产生要从你这里买保险的欲望。"年轻人恍然大悟，这才意识到自己失败的原因在哪里。此后的日子里，他每见到一个人，都会问对方对他的感受，也会要求对方给他提出改进意见。对于所有的意见，不管是真挚的还是苛刻的，他都全盘接受。渐渐地，年轻人说话越来越富有魅力，而且常常能够打动客户的心。最终，他成功地赢得了客户的认可，在保险推销行业里越做越好，不但成为公司里的销售冠军，而且成为整个保险推销行业里的传奇人物。他，就是日本销售界的奇迹缔造者原一平，也被称为世界上最伟大的推销员。

不识庐山真面目，只缘身在此山中。对于原一平而言，虽然他的生活很困窘，但是他始终满怀希望，全力以赴地投入工作。以前对于自我认知不足，他不能有效提升自己，在得到客户的意见之后，他就有的放矢地吸纳意见，提高自己，最终有所收获，成就了自我。当然，原一平之所以能够获得成功，与他坦然接受生命的磨砺是分不开的。换作别人，有谁能够在夜晚睡在公园躺椅上的情况下，早晨醒来的时候还能兴致勃勃去上班，而且即使被客户拒绝也从不沮丧呢！由此可见，只有乐观的人才能从容地面对人生，也只有伟大的人才能在逆境中绽放光彩！

每个人在这个世界上生存，都会遭遇各种人生的不如意，也有可能被无数次失败打击。最重要的是，我们要始终心怀感激面对人生，这样才能以感恩的心接纳人生，悦纳人生。不要害怕自己没有得到命运的青睐和善待，当我们足够坚强和勇敢，当我们努力坚持，不断付出，我们的一切努力都会开花，我们的未来也一定会绚烂绽放，有与众不同的呈现！

沉默是无声的语言

很多人误以为在人际相处中，只有那些口若悬河、滔滔不绝的人，才是善于沟通的人，事实并非如此。一个真正善于沟通的人，首先是懂得倾听的人，其次他们在沟通的过程中也知道应该适时沉默，从而给交谈留白。对于沉默，有很多人的理解都是错误的，即他们认为沉默是无奈的选择，是畏缩和怯懦的表现，实际上沉默是无声的语言，在很多特殊的交际情况下，沉默的表达效果甚至比语言更加强烈和到位。

沉默，是一种力量。在沉默的状态下，人们的耳朵里不再充斥着嘈杂的话语，内心也不再惊慌失措，而是淡然，头脑保持冷静，情绪和情感都恢复常态，智商与情商也维持在正常的水平，这样一来，人们才能调整好自己的状态，才能有的放矢地面对人生。尤其是当独处的时候保持沉默，我们会更加关注自己的内心，走进自己的心灵深处，对于人生进行有的放矢的思考。此外，当发生一些让我们感到内心震惊和彷徨无措的事情时，沉默也可以帮助我们恢复理智，从而可以更加全方位地思考、面对和解决问题。面对一个喋喋不休的人我们不会感到恐惧，因为他们很容易就会把自己内心深处的想法说出来，从而被人一眼看到底。而面对一个沉默寡言的人我们反而要小心，因为沉默帮助他们保护好自己，让我们无从得知他们到底在想什么。这样一来，他们就在暗处，我们无法洞察他们的心理动态，也无法更好地与他们相处。

沉默是金，我们要学会运用沉默的力量。俗话说，一字千金，一个口若悬河的人的话一文不值，而只有那些沉默寡言、惜字如金的人，才是真的一字千金。现实生活中，很多女人都特别聒噪，还美其名曰说话可以帮助她们减轻压力，缓解焦虑紧张的情绪。殊不知，话说得太多，就会失去意义，因为当别人把耳朵和心门一起关闭，你的话就算说得再好，也无法听到别人的耳朵里，更无法打动他人的心。所以真正明智的人不会总是重复说一些话，而是会让自己的语言更加凝练，这样才能在表达过程中把语言说得恰到好处，顺利向别人传达自己的意思。

韩国总统朴槿惠是一个很沉默的人，在女性群体里，她的沉默甚至让人感到异常，为此有人说她不善于沟通。实际上，朴槿惠在政治上有着很强硬的态度，每当在公众面前发言的时候，她总是一字一句，铿锵有力。她之所以在平日里沉默，是要酝酿语言的力量，是要让自己的每一句话每一个字听起来都是不容抗拒的。作为普通人，我们虽然没有政治舞台发挥语言的力量，但是在日常人际交往中，我们还是要坚持惜字如金，这样才不会让语言泛滥。

在辩论的过程中，沉默还可以发挥强大的力量。很多人都有这样的感触，即当自己陷入流言蜚语的旋涡中心时，与其一味地为自己辩解，越描越黑，还不如坚持沉默，这样一来时间最终会揭示真相，也会让谣言不攻自破。沉默是心与心之间的桥梁，当面对他人的诉说时，我们与其以不合时宜的方式打断他人的倾诉，不如坚持沉默，认真倾听，这样一来才能打开他人的心扉，让他人更愿意向我们倾诉。

当然，每个人都是独立的生命个体，在人际相处的过程中，人与人之间难免会有各种矛盾和冲突，与其和他人针锋相对，伤害感情，不如选择沉默，以包容的态度面对他人，唯有如此才能经营好人际关系。沉默是对人生的一种领悟，也是在接受人生历练之后的宽容与洒脱的表现。当不知道该说些什么的时候，与其尬聊，还不如沉默，也许沉默才是此时最好的笙歌。

学会等待，才能爆发

人在漫长的人生旅程中，时常都在等待中度过。年幼的孩子等着父母下班回家可以陪伴他一起玩耍，年迈的父母等着孩子下班之后可以回家陪伴他们一起吃简单家常的一餐，年轻的人等着爱人从繁忙的工作中抽身出来和他一起看一场电影或者散一次步……除了人与人之间的等待之外，在做很多事情的时候，我们也总是需要等待。作为学生，我们一边学习一边等待着毕业，步入社会；作为爱人，我们一边苦心经营着感情，一边等待着可以和所爱的人携手并肩走入幸福的婚姻；作为老人，我们一边坚持工作一边等待着退休的日子到来……由此可见，我们要等待的不仅是人，还有人生。总而言之，等待在生活中无处不在，每个人唯有学会等待，才能在生命中有更好的成长和发展。

遗憾的是，在现实生活中，很多人都失去了等待的耐心。面对失败，他们不愿意等待，为此放弃了再次尝试的机会，导致自己与成功彻底绝缘；面对坎坷和挫折，他们不愿意等待，最终没有熬过艰难的时刻，也错失了成功的好机会。殊不知，不经一番寒彻骨，哪得梅花扑鼻香。在漫长的人生中，如果一个人不善于等待，就无法等来机会，如果一个人不善于等待，也无法在最好的时机里创造机会。正如人们常说的，机会总是留给有准备的人，的确如此，等待就是一种准备。

在热带原始森林里，有一种蟒蛇的体型特别巨大，甚至无法自由地挪动身躯，行动也非常缓慢。这样一来，蟒蛇要想捕获猎物就变得很艰难，因为它的动作不够迅速，而且体型庞大一动起来就会被猎物惊觉，最终蟒蛇选择了一种很有效的方式捕获猎物，那就是守株待兔。它隐藏在丛林中纹丝不动，调动全身的敏锐细胞等待猎物经过。有的时候，它运气很好，很短暂的时间就能捕获到猎物，而有的时候，它运气很糟糕，甚至等待一周的时间也等不来猎物。但是它不能挪动位置，因为这样很有可能会惊跑猎物，为此它继续等待，潜伏在原地，直到捕获到猎物才能大快朵颐。

毫无疑问，善于等待的人都是非常有耐力的，为此他们才能收敛自己，潜心等待。不管是大蟒蛇捕获猎物，还是人们等待机会，都要潜下来心，绝不能急躁。没有人知道人生中机会何时降临，也没有人知道漫长的等待何时结束，既然如此，就要继续等待，直到获得想要的机会为止。此外，善于等待的人也很有自信，否则如果一个人认为自己的等待不会得到任何收获和结果，他们还有什么必要等待呢？他们一定会在没有等待多长时间的时候就放弃，也就是前功尽弃，会导致等待彻底无果。由此可见，等待不是一件容易的事情，需要耐心，需要智慧，还需要信心。为此每一个善于等待的人都是有实力的人，所以他们才能内心笃定，在等待的过程中始终安之若素，不急不躁。

施瓦辛格从小出生在美国的贫民窟，为了摆脱糟糕恶劣的生存环境，他最大的梦想是成为美国总统。但是从家庭的条件来看，施瓦辛格这个梦想无异于是痴人说梦，因为他的父母都很普通，根本不可能为他奠定任何基础。思来想去，施瓦辛格找到了一条从政的捷径，那就是娶一个有政治背景的女孩作为妻子。但是这样的女孩往往眼高于顶，根本不会把他这样的穷小子看在眼里。如何才能被这样的女孩看在眼里呢？施瓦辛格意识到自己或者可以去演电影，成为一名优秀的演员，那么一定会有很多女孩愿意嫁给他。但是即便是演电影这条路，施瓦辛格也走不通，因为从目前来看他根本不是演电影的料，为此他决定先成为健美先生。

但是，施瓦辛格家里没有那么多钱，不能帮助他报名参加健美先生的锻炼。为此，施瓦辛格开始疯狂地跑步，运动，以各种方式锻炼身体。几年之后，他果然在健美先生比赛中崭露头角，后来他因为浑身肌肉而被选中，进入好莱坞开始拍摄电影。他在表演方面很有天赋，而且特别努力，不断地坚持，最终获得了很大的名气，成为尽人皆知的好莱坞大明星。这样的施瓦辛格，如愿以偿迎娶了一个有政治背景的漂亮女孩作为妻子，而在好莱坞大红大紫很多年后，他积攒了很多的人气和金钱。在退出演艺圈之后，他成功通过竞选当选美国加州州长，虽然这距离当总统还有一段距离，但是施瓦辛格无异于实现了自己的梦想，也获得了很大的成功。

谁能想象施瓦辛格最初的梦想是成为美国总统呢？不得不说，他的这个圈子绕得有些大，居然从健美先生开始，到成为好莱坞明星，再到娶到一个有政治背景的女孩作为妻子，最后成为加州州长。说不定，此时此刻施瓦辛格还在为成为美国总统而做准备呢！在整个过程中，几十年时间过去了，而在这几十年的时间，相对于梦想而言，施瓦辛格一直都在等待。这样的等待是漫长的，但是结果却是使人欣慰和欣喜的。

当然，要想最终实现梦想，等待就不是被动的等待，而是积极主动的等待。在等待的过程中，施瓦辛格一直在做该做的事情，积累人气，让自己变成美国公众中尽人皆知的候选人，娶妻生子，通过有政治背景的妻子让自己在政治领域中获得支持的力量。正是因为这样一步一步苦心经营，施瓦辛格才能距离自己的梦想越来越近，也才能真正实现梦想，获得成功。人生的历程中，既然不如意是常态，人人都不可能轻而易举获得梦想中的生活，那么就要厚积薄发，养精蓄锐，这样才能在孤独中沉淀自己，在韬光养晦的过程中提升自己的能力，完善自己。只有不断地努力进取，人生才会有更美好的未来，也只有在人生的道路上坚持前行，一切才能更加美好！

静心，才能安享自在人生

现代社会，浮躁已经成为常态，不但社会很浮躁，生活在社会里的人也都非常浮躁。人人都梦想着一夜成名，在面临诱惑的时候无法坚定不移做好自己，而是盲目地模仿别人，期望和别人一样获得成功。殊不知，每个人都有独属于自己的成功，别人的成功只属于别人，并不属于你。为此，与其邯郸学步，最终忘记了如何走路，不如坚持自己的姿态，走得摇曳生姿，走成一道独特的魅力风景。在这个盛行人云亦云的时代里，要活出自己的姿态，并不是一件简单容易的事情，要有笃定的内心，要坚持做好自己，一切才能顺理成章，水到渠成。

如果一个人内心不安定，对他而言，最可怕的不是迷惘和动乱，而是无法做出选择。有人说，人生会犯很多的错误，也有人说，人生是由选择组成的。实际上，人生的确是由无数选择构成的，而作为一个独立的生命个体，我们之所以努力拼搏，从本质上而言，也正是为了让自己更强大，从而在面对很多人生困境和难题的时候，有更多的选择。选择权，代表着人的尊严，也代表着每个人面对人生的姿态和状态。

在这个世界上，万事万物都有法可循，作为一个独立的生命个体，我们在这个世界上特立独行，不要奢望自己可以和其他人一样，也不要奢望自己把别人变成自己的复制品。每一个生命都是独特的，都是无法取代的，最关键的在于，我们一定要坚持，不能随随便便改变，更不要轻而易举放弃，这样才能活出人生最独特的姿态，也才能在成长的过程中更加理性从容，有的放矢。

法布尔从小出生在普罗旺斯的一个农民家庭里，小时候，他跟随祖父母生活，为此有更多的机会和时间与昆虫接触。长大一些之后，法布尔开始读书识字，他最喜欢读关于昆虫的书。因为对昆虫的深入钻研，法布尔发现了昆虫学界的泰斗人物莱昂·杜福尔的一个观点是错误的，为此专门发表了一篇文章纠正错误的观念，在昆虫学界引起了关注，也因此而获得了嘉奖。法布尔受到了极大的鼓舞，更加投入地研究昆虫。作为一名教师，他的薪水很微薄，他在养活全家人之余，根本没有足够的钱为自己购买研究设备。直到若干年后，他才因为研究出成果，而得到科研经费。因为对于昆虫学的热爱，法布尔索性住到农村去，建立了自己的世外桃源。然而在此期间，他的一个儿子不幸夭折，这极大地打击了他，因为这个夭折的孩子和父亲法布尔一样热爱动植物。后来，法布尔隐居乡野研究昆虫，在此期间，完成了《昆虫记》全卷。《昆虫记》对于昆虫的研究和记载非常翔实生动，是迄今为止研究昆虫不可多得的全面资料。可以说，对生活的无欲无求，是让法布尔专心研究昆虫的根本原因。在一生之中，他始终潜心研究昆虫，从未因为外界的任何变迁而受到影响。

和如今的很多动辄就盲目学习和模仿别人想要获得成功的

人相比，法布尔之所以能成为伟大的昆虫学家，绝不是因为功利心，而是因为他对于昆虫的热爱和执着。古往今来，很多有所成就的人都非常安心静心，所以才能在喧嚣浮躁的生活中潜下心来，专心致志地做自己喜欢的事情。前些年，作家莫言获得诺贝尔奖，化学家屠呦呦也获得诺贝尔奖，虽然他们所获得的奖项不同，但是他们对于自己所热爱的事业都有着相同的态度，那就是认真、执着。在获奖之前，他们从未想过有朝一日会获奖，也从未以获奖作为努力付出的目的。他们就这样默默地专注于自己该做的事情，所以才能获得莫大的成功。

当我们因为喧嚣的生活而迷失自我的时候，无形中就会变得身心疲惫。其实，我们固然要随着外部世界的改变而与时俱进，但是与此同时，我们也要更加坚定不移做好自己，要从生命的历程中潜心领悟和用心收获，这样才能脚踏实地过好人生中的每一天，也才能在生活的过程中不断地努力上进，点滴积累，从而让人生有质的腾飞和超越。

第12章 执着的任性，是按照自己的意愿过下去

执着的任性，不是故意与别人对着干，也不是模仿别人去生活，而是有着笃定的心，坚持自己对于人生的设想和想法，把人生过成自己想要的样子。每个人都是这个世界上特立独行的生命个体，一味地想要迎合他人，只能导致失去自我，为此最重要的是坚持做自己，做真实的自己，做美好的自己。

活成自己想要的样子

如果把世界上所有人按照一个放之四海而皆准的标准堆砌起来成为金字塔，那么位于金字塔尖的人一定是少数，绝大多数人都位于金字塔的底部。这是因为大多数人都是普通而又平凡的人，拥有着平实的人生，而只有少数人才能在人生之中出类拔萃，卓尔不群。对于寻常人而言，真正的成功是什么呢？是模仿成功者，向成功者取经，活成成功者的样子吗？当然不是。因为即使你模仿成功者获得了成功，你的成功也是一个复制品或者仿制品，而不是真正属于你的独特的、与众不同的成功。对于任何一个人而言，真正的成功都不是获得世俗意义上的成功，而是活成自己想要的样子，让自己有更强的辨识度，和其他人截然不同。

意大利大名鼎鼎的诗人但丁曾经说过，走自己的路，让别人说去吧！听起来，这句话带着纵情的肆意和洒脱，而实际上，要想真正做到这句话却是很难的，因为每个人都是人群中的一员，都是社会中的一个成员，难免会被别人评价和断言，也会被社会上的各种约束所禁锢。为此，我们所谓的自由实际上不是绝对的自由，而是在符合社会道德规范和法律规定之下的自由，我们要在有限的自由空间内活出无限的自由状态，这是一门艺术，也是一门技术。

爱琳是一位小学老师，她给同学们出了一篇作文，作文的题目是“我的梦想”。很多同学的梦想都很实在，他们之中有人想当老师，有人想当医生，也有人想当律师，还有人想要成为政府官员。唯独罗杰的梦想很奇怪，原来罗杰在作文中写道：“我的梦想是拥有一座辽阔的庄园，至少要有几十公顷吧。庄园里，不但会种植各种各样的植物和瓜果蔬菜，而且要建造带游泳池的酒店，这样一来，其他人来庄园里旅游或者参观的时候，可以居住在酒店里。我特别喜欢玩卡丁车，我希望我的庄园里还可以建造卡丁车跑道，我什么时候想玩都可以，尊贵的客人们也可以玩。我的庄园里还有一个很大的广场，我们在广场上举行篝火晚会，大家载歌载舞，玩得不亦乐乎。”老师给很多同学的作文都打了A等级，唯独给罗杰的作文打了C等级。老师对罗杰说：“你要重新写一篇作文，至少要写能实现的梦想。你的爸爸妈妈都是租种土地的人，你是不可能拥有自己的庄园的，而且你说的这种庄园我根本没有见过。”听到老师的话，罗杰拒绝重写作文，而宁愿要一个C。而且，他坚定不移地对老师说：“老师，我一定会有自己的庄园！”

若干年后，爱琳已经成了老太太，即将退休。有一天，她在收拾阁楼的时候看到了厚厚的一摞作文本，上面落满了灰尘。爱琳打开作文本，赫然看到“我的梦想”，她忍不住笑起来，一篇一篇地翻看。爱琳突发奇想：孩子们如今都已经长大成人，是否实现了自己的梦想呢？为此，她在报纸上刊登公告寻找学生们，索要地址把作文给学生们寄过去。只有很少的孩子实现了梦想，那个梦想不切实际的男孩罗杰根本没有任何消息。有一天，爱琳正在修剪草坪，一辆车停在她的家门前，车里走下来一个西装笔挺的中年男性。爱琳定睛细看，认不出来对方是谁，这个时候，中年男性热情地喊道："爱琳老师，我是来接你去我的庄园的！"爱琳惊讶不已，这个看起来俨然成功男士的男性居然是罗杰。罗杰带着爱琳去了他的庄园，爱琳真的被震惊到了。罗杰实现了自己的梦想：辽阔无边的庄园，硕果累累的果树，卡丁车跑道，巨大的游泳池，而且还有篝火晚会。爱琳激动地落泪："孩子，当年我错怪了你！"罗杰兴奋地对爱琳说："老师，正是你的质疑才让我坚持实现了梦想。我要感谢你！"爱琳把罗杰的作文还给他，罗杰兴奋不已，内心满怀欣喜。

每个人都有自己的梦想，真正能够活出精彩人生的人，都是那些能够坚持梦想的人。事例中，幸好罗杰没有被老师打击，所以才能真正实现自己的梦想，如果不是他的内心足够强大，反而轻而易举就放弃了努力，那么也就不会有这样激动人心的时刻到来。当别人都嘲笑你的梦想时，请记住，被嘲笑的梦想才是真正的梦想。不管别人说什么，只要你坚持去努力实现梦想，决不放弃，你就一定会在追求梦想的道路上越走越远，直到真正到达梦想的彼岸。

遗憾的是，现实生活中，不但大多数人都是普通人，而且他们对于梦想也有无法坚持的态度。他们总是过于看重别人说什么，常常在别人肆无忌惮、不负责任的评价中迷失自己，也常常在人生的正确道路上偏移。记住，每个人都是人生的主宰，都有属于自己的人生。每个人最大的成功就是活出自己的精彩，而不是一味地迷失，漫无目的地面对生活，任由生活摆弄。记住，活成自己想要的样子，理所当然应该成为你的人生目标，也成为你的人生姿态。

不要为了工作而放弃自己的生活

如今，有很多年轻人都意识到努力工作的重要性，因此他们一旦走上工作岗位，在经历最初眼高手低的阶段之后，意识到努力工作并非一件简单容易的事情，而且要想在职场上站稳脚跟也是很难的，为此他们开始如同打了鸡血一样对于工作怀着积极的态度，甚至主动加班，主动出差，只为了在工作的过程中证明自己，也获得人生最丰厚的馈赠。渐渐地，他们如愿以偿在工作上有了良好的表现，但是却变得越来越迷惘，因为他们不知不觉间颠倒了工作和生活的关系，把工作与生活本末倒置。那么，工作与生活的关系到底应该是怎样的呢？

工作是为了更好地生活，而生活却不是为了工作。为此，工作是为生活服务的，如果每个人不需要工作就能有很好的生活，就可以做自己喜欢的事情创造价值，那么工作的存在就毫无意义。当然，也有一些幸运的人以喜欢的事情作为工作，作为事业，这是另当别论的。当然，不管我们出于何种原因工作，都应该努力认真地对待工作，也要竭尽全力把工作做好，这样才能在工作的过程中有更加出类拔萃的表现，获得更多的收获与美好。

近些年来，时常有三四十岁的壮年猝死的事情发生，不得不说，这是身体在给所有人敲响警钟。原本，三四十岁正当壮年，正处于人生中的巅峰时期，为何会毫无征兆地猝死呢？其实，不是毫无征兆，而是身体在发出警示之后没有得到回应，也没有得到重视，所以才导致更严重的后果出现。工作固然很重要，但是身体更重要，为此一定要把工作和生活的关系协调好，否则等到身体受到伤害，再想可持续发展就很难。

作为一名IT男，小王在IT这个行业已经工作了十年，从二十五岁进入IT行业到三十五岁，已经从一个大胖子变成了一个瘦子，因为经常熬夜加班修改代码，小王的体重下降地很严重，而且生活作息没有规律，整个人的精神状态也很不好。小王说，这个行业就是吃青春饭的，等到了四十岁，无论如何也干不动了。但是如今的小王有房贷、车贷要还，还要养孩子和老人，只能趁着还年轻拼命挣钱。在单位体检的过程中，小王被检查出来血压高达一百八，为此被医生火速安排入院。在医生的医学知识普及下，小王才知道自己血压这么高有多么危险。他不得不无奈地开始考虑调整工作的节奏，理清楚工作与生活之间的关系。

在这个事例中，小王的生存状态是很多在大城市打拼的年轻人都有的。很多年轻人每天都如同高速旋转的陀螺一样转个不停，没有时间休息，没有时间放松，精神始终紧绷着。而对于小王来说，这样的人生不可能继续持续下去，因为人的潜能虽然是无穷的，却要以正确的方式开发出来，这样才能起到最好的效果。

作为年轻人，一定要理清楚工作和生活的关系，而不要涸泽而渔，否则人生就会失去可持续发展力。只有劳逸结合，在精神紧张的状态下适度放松，才能让自己就像一个紧绷的弹簧一样得到休息，也才能保持弹性。否则弹簧绷得太紧，时间太长，一定会失去弹性，就会从一个有用的弹簧变成无用的废铁丝。为此，一定要有的放矢努力用功，也要能够放松下来，劳逸结合，才能把事情做得更好。当然，在生活与工作中找到微妙的平衡点并不是容易的事情，需要我们慢慢地摸索，学会合理安排时间，提升工作效率，才能把一切事情做得更好，更为圆满。

努力奔跑，才能风干眼泪

作为热衷于网购的年轻人，相信每个人都知道马云的大名，也都为马云缔造的阿里巴巴帝国而感到由衷的敬佩。实际上，马云的人生并不是从一开始就像我们所看到的这样风光无限，他高考接连两次失败，到第三次才考上杭州的一所师范。大学毕业后，进入一所职业学校当老师，过着旱涝保收的生活，原本是人人羡慕的，却又辞职，开始创办翻译社。翻译社经营惨淡的那段时间里，他不得不四处贩卖小商品，以维持翻译社的开销和运转。后来，他创办中国黄页，创办阿里巴巴，一开始都不被看好，经济上也很困窘，但是他始终没有放弃，最终才慢慢地把阿里巴巴做大做强。马云的整个奋斗史就是一个励志史，我们不仅仅应该看到马云的成功，还应该有马云在成功背后付出的艰苦卓绝的努力。

在奔向成功的道路上，每个人都在努力地奔跑，都在全力以赴地前行，哪怕是被风沙迷住了眼睛，也不能停下来，因为停下来的结果就是更加落后。尤其是年轻人，更要拼尽全力，这样才能不断地为人生进行积累，也才能让人生拥有越来越多的资本。有很多年轻人特别浮躁，不能受到一点点委屈，也不想在工作中辛苦付出，为此稍微有点儿不如意，就会跳槽，换工作，而丝毫没有想到很有可能在换了工作之后，也无法获得理想的高薪、友好的同事和赏识他的领导。在这个世界上生存，艰难前行，有谁是容易的呢？没有任何人可以一蹴而就获得成功，也没有任何人可以得到天上掉下来的馅饼。在人生的道路上，只有不断地努力向前，从容不迫地经营好人生中的很多事情，我们才能有所收获。如果只是一味地空想和抱怨，就会在人生中迷失，也无法获得自己梦寐以求的生活。

传说，有一座寺庙正在翻建，要做一座雕像。雕刻师去山里找了很久，才找到两块适合做雕像的大石头。其中有一块石头资质很好，为此雕刻师优先选用这块石头，而把另一块石头作为备选。没想到，雕刻师才雕刻了没多久，石头就开始喊叫起来，说太疼了，无法忍受了。为此雕刻师问："你不想成为佛像了吗？"石头说："我不想了，不想了，简直疼得难以忍受。"雕刻师只好问另一块石头："你想成为佛像受人敬仰吗？"石头点点头。雕刻师又提醒石头："雕刻的过程是很痛苦的，要接受千雕万琢，你能忍受吗？你的伙伴都已经放弃了。"石头说："我一定能忍受。"就这样，雕刻师开始动工。因为这块石头的资质没有那么好，所以它需要被雕琢更多刀。对此，它一直在默默地忍受，一声不吭。三个月的时间过去了，一座高大的佛像落成，石头身上披着红色的丝绸，脖子上戴着花环，正在接受信众的顶礼膜拜。

这个时候，那块资质上好的石头在哪儿呢？它正在被很多人踩在脚底下呢！看着那块原本不如自己的石头变得这么闪耀，它后悔极了：如果当时我能承受住痛苦，现在就是我的风光时刻！

原本可以成为佛像的石头，如今却在被人踩踏，但是此时的懊悔还有什么用呢？它根本无法再次逆转自己的命运，曾经有一次机会摆在它的面前，它却没有珍惜。如今，它想要逆转命运，却完全绝望，根本不可能做到。从此之后，它就要被人踩踏，而它的伙伴却被人顶礼膜拜。

流着泪奔跑，跑着跑着就风干了眼泪，就可以笑起来。人生从来不会顺遂如意。在生命的历程中，我们必须更加努力地面对人生，才能更好地成长，也才能让自己变得真正强大起来。否则，一味地抱怨，一味地沉沦和绝望，只会让我们在困境之中越陷越深。

在失败中不断成长

人生之中，每个人都会有各种各样的境遇，在经历人生的过程中，有的人学会了成长，有的人却因为小小的挫折和磨难就变得沮丧，甚至彻底放弃。心理学家经过研究发现，大多数人的先天条件相差无几，之所以有的人能够成功，而有的人总是与失败结缘，是因为他们面对人生坎坷的态度不同。显而易见，成功者面对失败总是能够再接再厉，从失败中汲取经验和教训，从而让自己不断进步。而失败者面对失败却总是感到万念俱灰，这直接导致他们被失败打败，一蹶不振，也彻底失去了成功的可能性。

在生命的历程中，一切的顺境与逆境都是人生的养料，为此，我们不要奢望一帆风顺，在人生遇到坎坷和挫折的时候，更应该努力进取，这样才能在挫折中站立起来，让自己的人生有更好的姿态和成长表现。正如一位名人所说，失败是成功之母，其实，失败也是人生进步的阶梯。真正的强者未必有多么强大的力量，但是他们的精神非常强大，而且越是在艰难坎坷的时刻越是能够坚持，能够屹立不倒。为此，他们才可以获得更好的成长和更伟大的成就。

作为华尔街职位最高的女人，花旗集团的执行总裁和首席财务执行官克劳切特获得了巨大的成功。然而，人们都只看到克劳切特如今的功成名就，却不知道克劳切特的人生曾饱经磨难。从小，克劳切特就是一个很笨拙的女孩，学习成绩也不出色，为此班级里的同学们经常嘲笑她，她也常常因此而陷入自卑的状态，甚至抬不起头来。渐渐地，她变得越来越封闭，甚至连大声说话和微笑都不敢，更别说在愤怒的情况下发泄心中的负面情绪了。

后来，妈妈看出克劳切特的压抑，为此给了克劳切特很多的支持和鼓励。在妈妈的强力支持下，克劳切特越来越努力，而且有了很多的收获。她的成绩变得优秀和出类拔萃，她的身姿也越来越灵活矫健，她就像变了一个人一样。后来，她选择当分析师，却被华尔街的所有公司拒绝。可想而知，这是多么沉重的打击和无情的否定，但是，克劳切特没有放弃。她被美邦拒绝了两次，依然没有放弃继续努力。最终，她为自己争取到机会，成为华尔街上铿锵的玫瑰。相信曾经嘲笑过克劳切特的那些人看到她今日的表现和成就，一定会惊讶得瞪大眼睛，张大嘴巴！

还记得《丑小鸭》的故事吗？一开始，丑小鸭不知道自己是白天鹅，总是因为自己的丑陋和受到排挤而烦恼，它四处躲藏，却在不知不觉间成长。终有一日，它蜕变成了美丽的白天鹅，连自己都很惊讶。只要我们坚持努力，人生的蜕变也会在不知不觉间进行，当我们坚持努力，总有一天我们会变成让自己都惊讶的出类拔萃者。最重要的在于，我们在生命的历程中不管遭遇了什么，也不管曾经有过怎样的际遇，都一定要足够坚持，都一定要非常努力，决不放弃。唯有坚持做到最好，我们才能在人生之中获得成功，也唯有坚持到最后，我们才能成为笑到最后、笑得最好的那个人。

在挫折中凤凰涅槃

巴尔扎克说，对于天才而言，挫折与失败是进身之阶，对于弱者而言，挫折与失败则是无底的深渊。的确，在人生的历程中，有很多人都会遭遇挫折和失败，这是因为不如意是人生的常态，而命运之神更是会以各种方式来考验我们。为此，我们一定要更加勇敢无畏地去面对，才能鼓起所有的信心和勇气，才能在生命不断向前的过程中，让自己的内心变得更加强大起来。

唯心主义认为，很多事情都与人的心态密切相关。实际上，这个世界是唯物主义的世界，很多事情并不因为我们如何去想，就发生相应的改变，而且有的时候哪怕非常努力和刻苦拼搏，也未必会有好的转机。在这种情况下，我们当然不能一味地奢求命运青睐，而是要挺起人生的脊梁，以更加昂然的姿态面对人生。世界以痛吻我，我却报之以歌，即使我们不能真的做到如此，也应该在挫折中凤凰涅槃，浴火重生，在命运的淬炼中让自己变得更加强大和无所畏惧。

1976年，一个重度残疾的女婴出生在美国的一个普通家庭里， 她的腓骨先天发育不全，甚至没有，为此在一周岁生日的当天，还懵懂无知的她接受了从膝盖以下的截肢手术，彻底失去了自己的小腿。在年幼的时候，她并没有意识到自己与其他孩子的不同，但是随着不断的成长，她逐渐意识到自己是重度残疾，为此她很彷徨，也很悲伤。她时常因为自己不能像其他孩子一样快乐地跑跳而痛苦落泪，但是妈妈告诉她："孩子，你是不同寻常的天使，命运给你做了一个印记，就是让你和其他孩子不一样。不要掉眼泪，你要相信只要你肯努力，终有一日你的所有眼泪都会变成世界上最美的钻石。”在妈妈的支持和鼓励下，女孩变得越来越坚强和乐观。

到了入学的日子，女孩勇敢地走入学校，迎着同学们异样的眼光，她努力学习，成绩出类拔萃。随着不断的成长，身体的条件有所改变，她先后接受了五次矫正手术。这一切都没有打倒她，她很热爱体育运动，常常和弟弟们一起踢球，甚至还和弟弟们骑自行车去郊游。为了增强体质，抵御病魔，她每天早晨醒来都要进行体育锻炼，从未懈怠过。大学的时候，因为父母没有足够的钱给她支付学费，她以优异的成绩拿到奖学金，顺利入学。在大学里，她非常幸运地认识了一名体育老师，在体育老师的专业指导下，她的身体越来越强壮，而且开始有针对性地进行跳远和跑步训练。后来，她在老师的鼓励下参加田径比赛，却没想到在奔跑到一半的时候，假肢突然掉落，全场哗然，人们都以同情的目光看着她，但是老师却不以为然，对她挥手，示意她装上假肢，继续跑完比赛。有了这次经历，她的内心更加强大，她再也不愿意以弱者的姿态面对人生。后来，她参加了残疾人比赛，顺利地夺得了很好的名次，而且还打破了好几项世界纪录。如今，她从体育项目上退下来，又接受了一位服装设计师的邀请，成为专业模特。实际上，她最好的妆容不是华丽的衣服，也不是她努力得到的荣誉，而是她发自内心绽放出来的自信和从容。

她就是艾米·穆林斯，她告诉人们：只有被打败的灵魂才是残疾的象征，只要内心始终怀有希望，只要含着泪奔跑，把眼泪变成钻石，就可以拥有绝美的人生。

实际上有很多身残志坚的人，都以自己的顽强不屈活出了应有的姿态，甚至活出了比正常人更加精彩的人生。作为普通人的我们，当然是很幸运的，因为我们有健康的身体，有可以主宰的人生，既然如此，不管经历什么，都不要对命运怨声载道，而要以最美好的姿态面对人生，要在人生中全力奔跑，成为真正的人生强者，让生命被打磨成最美丽的钻石，璀璨夺目！

人生是一场旅途，没有人知道自己在旅途中将会遇到什么，看到什么。最重要的是，始终怀着积极的态度面对人生，内心始终都要充满希望。记住，只要自己不放弃，就算像凤凰一样浴火涅槃，我们也可以活得精彩，也可以在人生之中绚烂绽放！

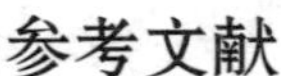

参考文献

[1]汤木.将来的你，一定会感谢现在拼命的自己[M].南昌：江西教育出版社，2016.

[2]景天.别在吃苦的年纪选择安逸[M].南昌：江西教育出版社，2016.

[3]微夏.你的任性必须配得上你的本事[M].北京：民主与建设出版社，2016.